Schriftenreihe Ingenieurfortbildung

Herausgegeben von

Professor Dipl.-Ing. Georg von Hanffstengel, Berlin

——— Erstes Heft ———

Elektromotor und Arbeitsmaschine

Von

Dr.-Ing. Franz Moeller und Dr.-Ing. Otto Repp

o. Professor an der Lufttechnischen
Akademie Berlin-Gatow

Regierungsbaurat

Mit 102 Abbildungen

Springer-Verlag Berlin Heidelberg GmbH

ISBN 978-3-662-01845-3   ISBN 978-3-662-02140-8 (eBook)
DOI 10.1007/978-3-662-02140-8

Geleitwort des Herausgebers.

Die „Schriftenreihe Ingenieurfortbildung" will die für die Aufrechterhaltung
der industriellen Wettbewerbsfähigkeit Deutschlands so dringend notwendige
Fortbildungsarbeit, wie sie heute von vielen technischen Vereinen, Lehranstalten, Behörden, Firmen und besonderen Körperschaften gepflegt wird, unter-
stützen und fördern. Ihre Aufgabe ist es, dem in der schaffenden Arbeit stehenden Ingenieur unter Weglassung des allgemein bekannten elementaren Stoffes
das zu geben, was vor etwa fünf oder zehn Jahren noch nicht oder nicht in ge-
eigneter Form in den Lehranstalten behandelt worden ist, und was er zur Beherrschung seines Faches braucht. Sie soll darüber hinaus die Ingenieure mit
der wissenschaftlichen Arbeit der Zeit in Verbindung halten, ihnen die Notwendigkeit wissenschaftlichen Weiterarbeitens ständig vor Augen führen, vor
allem ihnen auch immer wieder die große Linie zeigen, damit die technisch-
wissenschaftliche Arbeit sich nicht in kleine Einzelerfolge zersplittert, die für
den Gesamtfortschritt minder bedeutungsvoll sind.

Das vorliegende Buch gibt einen Querschnitt durch ein Gebiet, das für den
schaffenden Ingenieur, den Konstrukteur wie den Betriebsmann, ganz besondere
Bedeutung hat, auf dem aber viele Fachgenossen sich noch nicht zu Hause
fühlen. Ich glaube, daß es den Verfassern gelungen ist, das für den Praktiker
Wesentliche in knapper, aber leicht verständlicher Form herauszuschälen und
den Stoff richtig zu gliedern.

Berlin, im November 1936.

GEORG V. HANFFSTENGEL.

Vorwort der Verfasser.

Die Verwendung von Elektromotoren in allen Werkstattbetrieben zwingt
auch den Techniker nichtelektrotechnischer Fachrichtung oft, sich mit den elektrischen Maschinen zu befassen. Entweder sind je nach dem Arbeitsverfahren,
der gewünschten Antriebsart, den Aufstellungsbedingungen, der verfügbaren
Stromart usw. erst die Motoren auszusuchen, oder es sollen Motoren geändert
oder an anderer Stelle verwendet werden. Schließlich muß bei gelegentlichen

Störungen mit Rücksicht auf den Fertigungsgang schnellstens Abhilfe geschaffen werden, oder es gilt, eine sich vorbereitende Störung zu verhindern.

Alle diese Maßnahmen erfordern eine gewisse Kenntnis der Elektromotoren und der durch sie festgelegten Antriebsbedingungen. Aus der Absicht, hier zu helfen, ist dieses Buch entstanden. Es bespricht in seinem ersten Teil alle vorkommenden elektrischen Motoren so weit, als es für die geschilderte Aufgabe erforderlich ist. Drehzahlverhalten, Regelbarkeit, Anlauf und Stillsetzen der Motoren sind hier die wichtigsten Abschnitte. Anschließend bringt der zweite Teil das Zusammenarbeiten von Motor und Arbeitsmaschine mit allen für Entwurf und Betrieb erforderlichen Angaben, wobei angestrebt ist, aus den zahlreichen industriellen Anwendungen jeweils die wichtigsten und besonders typischen Beispiele auszuwählen. Dabei ergab sich eine zwanglose Einteilung der Arbeitsmaschinen in solche der Stoffverarbeitung und der Stoffbewegung. Die Fälle schweren Anlaufs, hoher Regelforderungen und des Gleichlaufs sind getrennt besprochen.

Von anderen, gelegentlich auch für den Nicht-Elektrotechniker geschriebenen Büchern über Elektromotoren unterscheidet sich die vorliegende Arbeit besonders durch die Art der Stoffzusammenfassung. Während es sonst immer üblich war, die einzelnen Motorarten nacheinander zu behandeln, also vertikal zu gliedern, sind hier die den Betriebsmann eigentlich allein interessierenden Betriebseigenschaften und Betriebseigentümlichkeiten in den Vordergrund gerückt. Jeder Abschnitt beider Teile enthält also in horizontaler Gliederung die gerade behandelte Eigenschaft bei allen Motorarten in Gegenüberstellung, so daß ein Vergleich aller verfügbaren Motoren einfach ist. Besonders beim Nachschlagen und späteren Zurückgreifen dürfte die Unterrichtung über eine bestimmte Frage so am schnellsten möglich sein.

Ebenfalls im Gegensatz zu anderen Werken des Elektromaschinenbaues wird weiter bewußt auf einen einleitenden Abschnitt über die Gesetze der elektrischen Strömung verzichtet, da hierfür zahlreiche Bücher jeden Umfanges und jeder Höhenlage zur Verfügung stehen. Außerdem setzt das Buch aber so wenig elektrotechnische Sonderkenntnisse voraus, daß die jedem im Betriebe Stehenden geläufigen Dinge für das Verständnis genügen.

Für mehrere wertvolle Hinweise danken wir Herrn Reg.-Baurat ROBERT REULEAUX. Auch der Verlagsbuchhandlung Julius Springer sei für ihre große Mühewaltung besonders bei der Herstellung der zahlreichen Abbildungen bestens gedankt.

Berlin, im November 1936.

FRANZ MOELLER. OTTO REPP.

Inhaltsverzeichnis.

Teil I. Die Elektromotoren.
Von Franz Moeller.

Teil II. Der Antrieb.

Von Otto Repp.

Abkürzungen.

AB   = Aussetzbetrieb.
DB   = Dauerbetrieb.
KB   = Kurzzeitbetrieb.
R. E. A.   = Bestimmung VDE 0650 „Regeln für die Bewertung und Prüfung
              von Anlassern und Steuergeräten".
R. E. M.   = Bestimmung VDE 0530 „Regeln für die Bewertung und Prüfung
              von elektrischen Maschinen".
VDE   = Verband Deutscher Elektrotechniker, Berlin-Charlottenburg, Bis-
              marckstr. 33.
V. E. S. 1. = Bestimmung VDE 0100 „Vorschriften nebst Ausführungsregeln
              für die Errichtung von Starkstromanlagen mit Betriebsspannun-
              gen unter 1000 V".

I. Die Elektromotoren.

a) Allgemeines.

Licht, Kraft und Wärme sind die drei Energieformen, die wir am meisten brauchen. Im Industriebetrieb und in der Werkstatt erfordert die Krafterzeugung im allgemeinen den größten Aufwand an Energie und an Einrichtungen. Der leichten Teilbarkeit, Fortleitung und Steuerbarkeit der elektrischen Energie und der außerordentlichen Anpassungsfähigkeit der Elektromotoren ist es zu danken, daß der elektrische Antrieb überall dort vorherrscht oder allein benutzt wird, wo elektrischer Anschluß irgendeiner Stromart verfügbar ist. Entwurf, Einbau und Betrieb eines jeden Antriebes verlangt aber die Kenntnis der verschiedenen Motoren und ihrer Eigenarten ebenso wie das Wissen um das, was die Arbeitsmaschine vom Motor verlangt. Im ersten Abschnitt sollen nach einem kurzen, die Wirkungsweise nur eben streifenden allgemeinen Teil besonders die drei wichtigen betrieblichen Eigenschaften der Motoren gezeigt werden, nämlich Drehzahlverhalten, Regelbarkeit und Anlaufverhältnisse.

1. Aufbau und wichtigste Teile.

Der Aufgabe des Motors, mechanische Energie an einer umlaufenden Welle abzugeben, entspricht der Aufbau aus feststehendem und drehbarem Teil. Der erstgenannte wird allgemein als Ständer (Stator), der zweite als Läufer (Rotor) bezeichnet. Bei allen gebräuchlichen Motoren kommt das Drehmoment durch Kräfte zustande, die an stromdurchflossenen Drähten im magnetischen Felde entstehen. Hierzu tragen Ständer und Läufer je eine oder auch mehrere Wicklungen (Drahtspulen), die von Strömen durchflossen werden. Betrachtet man die Entstehung des Drehmomentes in großen Zügen, so ist die Aufgabe der einen Wicklung in der Regel die Erzeugung des Magnetfeldes, während an den Leitern der anderen Wicklung die Drehkräfte entstehen. Etwaige weitere Wicklungen haben Sonderaufgaben zu erfüllen, wie Verbesserung des Betriebes, Änderung des Kennlinienverlaufs u. dgl. m. Alle Wicklungen sind von Eisenteilen getragen bzw. umgeben, die neben ihrer Aufgabe als Konstruktionsteile noch das magnetische Feld zu führen haben. Bereits diese skizzenhafte Andeutung des Grundaufbaues eines Motors zeigt seine wichtigsten Teile, nämlich Wicklungen und Eisenteile, zu denen bei den meisten Maschinen im wesentlichen nur noch die Einrichtungen zum Überleiten des Stromes auf den Läufer in Form von Kommutatoren oder Schleifringen hinzukommen[1].

α) Gleichstrommotoren. Beim Gleichstrommotor ist heute ausnahmslos die das Magnetfeld erzeugende Wicklung, die sog. „Erregerwicklung“, im Ständer untergebracht, der hierzu als Magnetgestell mit äußerem Joch und eingesetzten Polkörpern ausgebildet ist (Abb. 1 u. 2). Das Joch besteht aus Gußeisen, Stahlguß oder (heute bevorzugt) aus Walzstahl; die Polkörper sind mit wenigen Ausnahmen als Blechpaket aufgebaut. Außer den Hauptpolen enthalten mittlere und größere Maschinen noch die in Abb. 1 u, 2 erkennbaren

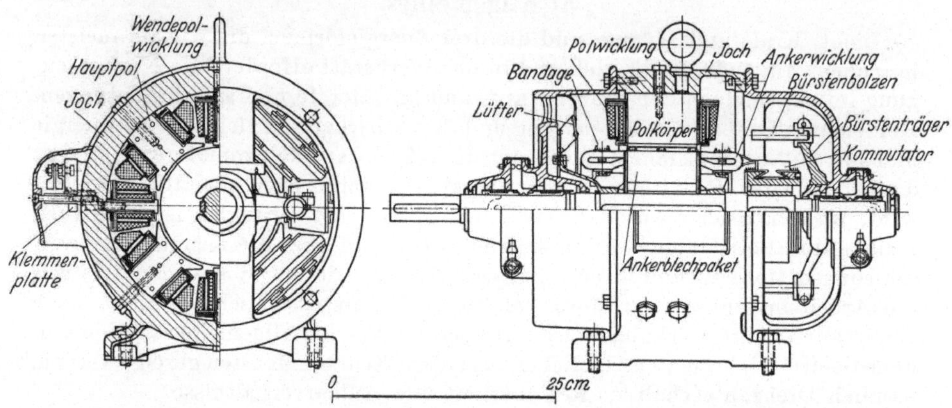

Abb. 1. Längsschnitt und Querschnitt eines vierpoligen Gleichstrommotors in Schildlagerausführung, mit Wendepolen, für 220 V, 17 kW, 1440 U/m (Form GM 145 der SSW).

Wendepole mit Wicklung; schließlich sind sehr große Einheiten (Walzwerks-, Hauptschachtfördermotoren u. a.) noch mit einer in den Polschuhen liegenden **Kompensationswicklung** ausgerüstet. Die Hauptaufgabe dieser beiden Wicklungen ist eine Verbesserung des Feldverlaufs, wodurch funkenfreier Bürstenlauf am Kommutator erreicht werden kann.

Der Läufer oder Anker der Gleichstrommaschine besteht in der Hauptsache aus Welle, Blechpaket, Ankerwicklung, Kommutator und häufig einem Lüfter. Das Blechpaket ist seinem Namen entsprechend ebenso wie die Polkörper aus einzelnen, auf die Ankerwelle aufgereihten, gestanzten Blechen aufgebaut, die zur Aufnahme der Ankerwicklung Nuten enthalten. Die Zahl der

---

[1] Auf die Wirkungsweise der Motoren kann hier im einzelnen nicht eingegangen werden. Für die grundlegenden elektrischen und magnetischen Vorgänge sei auf MOELLER-BOLZ, Leitfaden der Elektrotechnik, Bd. 1, Grundlagen des Gleich- und Wechselstromes, Leipzig und Berlin 1933, für die Motoren auf MOELLER-WERR, Elektrotechnik, Bd. 2, Gleich- und Wechselstrommaschinen, Leipzig und Berlin 1935, verwiesen.

Ankerwindungen bestimmt zusammen mit der Polzahl, Wicklungsart und Betriebsspannung in der Hauptsache die Drehzahl des Motors. Um der umlaufenden Ankerwicklung den Strom zuführen zu können, bedarf es des Kommutators, der aus einzelnen voneinander isolierten Kupfersegmenten besteht, und der außer der Stromzuführung noch die Aufgabe einer fortwährenden Stromumkehr in den Ankerwindungen hat. Ohne diese würde ein steter Lauf des Motors nicht zustande kommen. Die Zuleitungen zum Anker sind an dem

Abb. 2. Vierpolige Gleichstrom-Nebenschluß-Maschine GM 185 der SSW, für 115 V, 25 kW, 1200 U/m mit Wendepolen.

in Abb. 2 rechts unten sichtbaren Bürstenträger angeschlossen, der die auf dem Kommutator schleifenden sog. „Bürsten" aus Kohle trägt.

β) Drehstrom- und Einphasenmotoren. Gegenüber dem vielteiligen und damit teuren Gleichstrommotor ist der Drehstrommotor in der gebräuchlichsten Form des Asynchronmotors oder Induktionsmotors recht einfach. Im Gegensatz zum Gleichstrommotor hat er keine eigentlichen Polkörper, sondern der Ständer enthält ein ringförmiges Blechpaket mit Nuten, in denen die felderzeugenden Spulen der Ständerwicklung liegen (Abb. 3 bis 5). Dieses Magnetfeld dreht sich entsprechend dem periodischen Wechsel des Drehstromes und nimmt dabei den Läufer mit. Im Gegensatz zu dem immer gleichgerichteten Feld der Gleichstrommaschine läuft hier also schon das magnetische Feld um,

1*

so daß kein Kommutator erforderlich ist. Der Läufer hat daher in seiner einfachsten Form nach Abb. 5b lediglich Welle, Blechpaket und einen in sich kurz geschlossenen Kupferkäfig aus Stäben, die im Blechpaket liegen und an

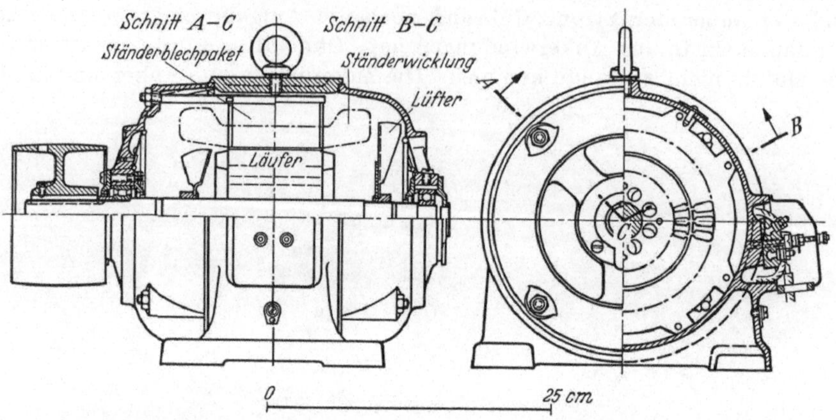

Abb. 3. Längsschnitt und Querschnitt eines geschützten Asynchronmotors mit Kurzschlußläufer in Schildlagerausführung für 2,2 kW, 220/380 V, 1420 U/m (SSW).

Abb. 4. Achtpoliger Drehstrom-Asynchronmotor R 186/8 der SSW, für 220/380 V, 40 kW, 730 U/m, mit Schleifringläufer und Bürstenabheber.

den Enden durch zwei Ringe untereinander verbunden sind (sog. „Kurzschlußläufer"). In Abb. 5b bestehen die Läuferstäbe, die seitlichen Kurzschlußringe und die noch sichtbaren Kühlungsflügel aus einem Gußstück, während Stäbe und Ringe bei anderen Ausführungen zusammengesetzt sind. Die Stäbe werden entweder normal als Rundstäbe oder zur Erzielung besserer Anlaufverhältnisse in Sonderprofilen oder unterteilt ausgeführt (Doppelstab-, Doppelnut-, Tiefnut-, Wirbelstrom-Läufer u. a.). Ebenfalls mit Rücksicht auf das Anlaufmoment und zur Verringerung des Anfahrstromes erhalten besonders größere Motoren statt des Kurzschlußläufers einen Schleifringläufer nach Abb. 4. Die Wicklung ist der Ankerwicklung von Gleichstrommaschinen ähnlich, wird jedoch nicht an einem Kommutator, sondern an Schleifringen angeschlossen, so daß auch der Aufbau des Drehstrommotors mit Schleifringläufer immer noch einfacher als der des Gleichstrommotors ist.

Außer dem Drehstrommotor hat der Einphasen-Induktionsmotor in neuerer Zeit eine gewisse Bedeutung erlangt. Abgesehen von der nur eine Phase enthaltenden Ständerwicklung gleicht er dem Drehstrommotor durchaus. Gelegentlich kommt in Sonderfällen auch der Drehstrom-Synchronmotor vor, der eine von der Belastung gänzlich unabhängige, mit der Netzfre-

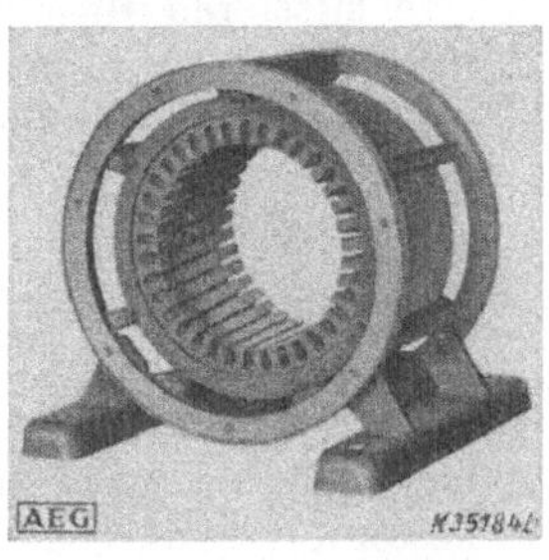
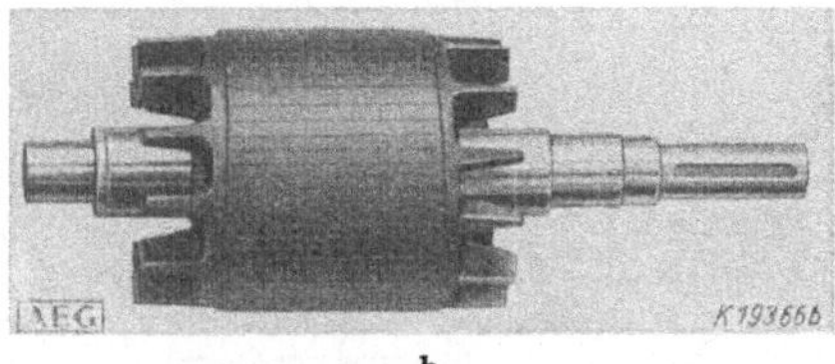

a   b

Abb. 5. Wickelfertiger Ständer (a) und Kurzschlußläufer (b) eines Stahlmotors.

quenz „synchrone" Drehzahl hat. Sein ans Netz angeschlossener Ständer hat denselben Aufbau wie der Ständer des Asynchronmotors. Der Läufer ist als „Polrad" mit auf einer Nabe sitzenden Polen ausgebildet, deren Erregerwicklung über Schleifringe mit Gleichstrom gespeist werden muß. Diese Notwendigkeit einer zweiten Stromart hat zusammen mit den ungünstigen Anlaufverhältnissen des Synchronmotors und dem höheren Preis dieser Maschinen zur Folge, daß sie nur in Sonderfällen Verwendung finden, wo gewisse Vorteile des Motors überwiegende Bedeutung haben.

Als letzte und in neuerer Zeit immer mehr in Anwendung kommende Maschinenart sind die Drehstrom- und Einphasen-Wechselstrom-Kommutatormotoren zu nennen. Wie schon der Name sagt, haben diese Wechselstrom-Maschinen einen Kommutator. Dementsprechend ähnelt der Läufer sehr dem Gleichstromanker; er hat mitunter außer dem Kommutator noch Schleif-

Abb. 6. Kleinstmotor (Universalmotor) zum Einbau in Geräte (AEG).

ringe. Der Ständer entspricht dem der anderen Wechselstrommotoren. Einen größeren Motor dieser Art zeigt die spätere Abb. 76. Man benutzt diese Motoren besonders dort, wo Betriebseigenschaften verlangt werden, die der Asynchronmotor nicht hat oder die bei ihm nicht wirtschaftlich zu erreichen sind. Verwendung finden hauptsächlich der Einphasen-Reihenschluß-motor (für Bahnbetrieb und als „Universalmotor" für beliebigen Anschluß an Gleich- und Wechselstrom), ferner der Einphasen-Repulsionsmotor mit kurzgeschlossenen Bürsten, der Drehstrom-Nebenschluß- und Drehstrom-Reihenschlußmotor. Abb. 6 zeigt Ständer und Läufer eines kleinen Universalmotors zum Einbau in Geräte. Joch und Pole des Ständers sind aus Blechen eines gemeinsamen Stanz-Schnittes aufgebaut.

γ) **Lager, Bauformen.** Elektromotoren verwenden sowohl Gleit- als Wälzlager. Besonders Rollenlager werden bei kleineren und mittleren Maschinen immer mehr benutzt, da sie u. a. die Vorteile geringerer Reibung, leichterer Wartung, geringerer Baulänge und geringerer Abnutzung haben. Demgegenüber gewährleisten Gleitlager einen besonders ruhigen, erschütterungsfreien und geräuscharmen Lauf. Große Maschinen erhalten durchweg Gleitlager.

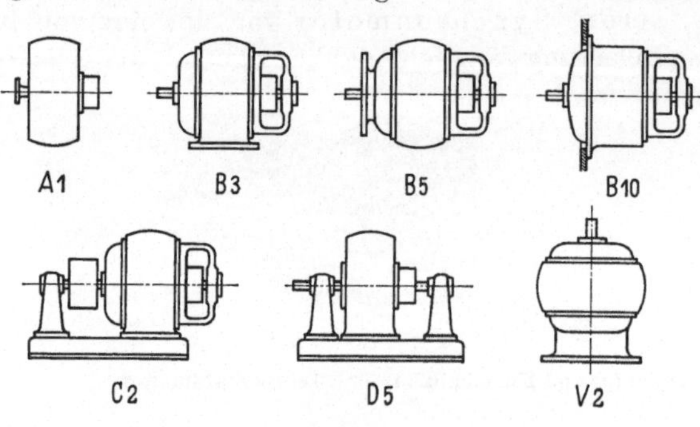

Abb. 7. Formen elektrischer Maschinen.

Die Arbeitsübertragung zur angetriebenen Maschine erfolgt in der Hauptsache durch direkte Kupplung (Abb. 50), durch Zahnräder bzw. Getriebe (Abb. 56) oder durch Riemen (Abb. 55). Je nach der Lageranordnung im Motor und den etwa nötigen besonderen Rücksichten auf den Zusammenbau mit der Arbeitsmaschine unterscheidet man verschiedene Bauformen, die nach DIN VDE 2950 Kurzzeichen erhalten: zur Gruppe A gehören die ohne Lager gelieferten Maschinen, zur Gruppe B die Maschinen mit Schildlager (bei kleinen und mittleren Maschinen fast ausschließlich), zur Gruppe C die Maschinen mit Schild- und Stehlagern, zur Gruppe D die Maschinen mit Stehlagern (bei großen Maschinen) und zur Gruppe V und W Maschinen mit senkrechter Welle. In Abb. 7 sind einige wichtigere Formen in schematischen Bildchen zusammengestellt. B 3 ist die häufigste aller Ausführungen für Motoren beliebiger Verwendung, die auch bei den Motoren der bisher gezeigten Ausführungen vorliegt. B 5 und B 10 sind Flanschmotoren (Maße der Befestigungsflansche nach DIN VDE 2941), C 2 wird für Motoren mit großer Riemenscheibe verwendet, während D 5 bei großen Motoren vorkommt.

δ) **Kühlung und Schutzart.** Außer in der Form unterscheidet sich der mechanische Aufbau der Motoren durch die Schutzart und die Art der Kühlung (Lüftung). Im Gegensatz zu den selbstkühlenden Maschinen haben die Motoren mit Eigenlüftung einen besonderen, am Läufer angebrachten oder von ihm angetriebenen Lüfter (links am Läufer der Abb. 2), während der Lüfter fremdbelüfteter Maschinen einen eigenen Antriebsmotor hat. Bezüglich der Schutzart kann man unterscheiden: offene, geschützte und geschlossene Maschinen[1]. Bei offenen Motoren ohne Schutz ist die Zugänglichkeit der stromführenden und inneren umlaufenden Teile nicht wesentlich erschwert; die geschützten Maschinen bieten gegen die zufällige oder fahrlässige Berührung solcher Teile und gegen das Eindringen von Fremdkörpern einen gewissen Schutz. Bei den tropf-, spritz- oder schwallwassergeschützten Maschinen ist

a   b   c

Abb. 8. Drehstrom-Stahlmotoren mit Käfigläufer, spritzwassergeschützt (a), geschlossen mit Rohranschluß (b) und geschlossen mit Mantelkühlung (c), sämtlich in Form B 3.

außerdem das Eindringen von Wassertropfen und -strahlen verhindert. Die geschlossenen Maschinen sind in der Hauptsache allseitig abgeschlossen; eine besondere Untergruppe bilden hier die schlagwettergeschützten Maschinen. Abb. 8 zeigt eine spritzwassergeschützte und zwei geschlossene Ausführungen. Bei dem besonders für Spinnereien geschaffenen Motor nach Abb. 8b wird die Frischluft aus eigenen Kanälen im Boden angesaugt, so daß die staubhaltige Luft des Spinnraumes nicht in den Motor gelangt. Bei Abb. 8c hat das Motorinnere keine Verbindung mit außen; ein rechts unter der Haube liegender Lüfter bläst die Kühlluft über die Gehäuseoberfläche nach links, wobei der Luftstrom von der Haube geführt wird.

2. Drehmoment und Drehzahl.

α) Induktions- und Kraftgesetz. Alle Motoren und Generatoren beruhen auf der Wechselwirkung zwischen elektrischen und mechanischen Vor-

---

[1] Der Nachtrag zu § 19 von VDE 0530a/1934 (Regeln für die Bewertung und Prüfung von elektrischen Maschinen, R.E.M.) teilt die Schutzarten ein in solche gegen Berührung und Eindringen fester Fremdkörper (A), gegen Eindringen von Wasser (B) und in Sonderschutzarten (C, Explosions- und Schlagwetterschutz) und erweiterte Sonderschutzarten (D, Schutz gegen inneren Überdruck). Für nähere Angaben vgl. Normblatt DIN VDE 50.

gängen, deren Grundgesetze in jeder umlaufenden elektrischen Maschine wirksam sind:

1. Bewegt sich ein Leiter in einem magnetischen Felde so, daß er die Kraftlinien des Feldes schneidet, so entsteht in dem Leiter eine Spannung, sog. elektromotorische Kraft oder EMK (Induktionsgesetz).

2. Fließt durch einen im Felde liegenden Leiter ein Strom, so wirkt auf den Leiter eine Kraft, die ihn aus dem Felde herauszudrücken sucht (Kraftgesetz).

Die Richtungen des Magnetfeldes (Flusses) Φ, der bei einer Bewegung erzeugten Spannung E und des von einem Strom I hervorgerufenen Drehmomentes M gehen aus Abb. 9 hervor. Beabsichtigt ist beim Generator die Spannungserzeugung, d. h. die Maschine wird angetrieben und soll Strom liefern; beim Motor hingegen ist die Erzeugung von Kräften und Drehmomenten verlangt, d. h. in die Maschine wird elektrische Energie geschickt und sie soll mechanische Arbeit abgeben. Trotzdem entstehen in Motor und Generator sowohl elektrische Spannungen (induzierte EMKe) als auch Drehkräfte. In jeder Maschine sind nämlich die Voraussetzungen des Induktionsgesetzes und des Kraftgesetzes erfüllt, weil Leiter sich im Felde bewegen und vom Strom durchflossen sind. Im Motor setzt sich diese EMK als „innere" Spannung E nach Abb. 9 der von außen aufgedrückten Klemmenspannung des Netzes U bzw. dem fließenden Ankerstrom I des Leiters entgegen. Im Generator wirkt das auf Grund des Kraftgesetzes erzeugte „innere" Drehmoment dem von außen her antreibenden der Antriebsmaschine entgegen, so daß diese eine mechanische Leistung abgeben muß. Im Generator haben wir es also mit einer inneren Gegen-Drehkraft und einer nach außen abgegebenen EMK bzw. elektrischen Leistung, im Motor hingegen mit einer inneren Gegen-EMK und einer nach außen abgegebenen Drehkraft (Drehmoment) bzw. mechanischen Leistung zu tun. Im Grunde genommen, sind also die inneren Vorgänge in Motor und Generator gleich. In der Tat ist auch der Aufbau beispielsweise eines Gleichstrom-Motors und -Generators oder eines Synchron-Motors und -Generators völlig gleich.

Die zahlenmäßige Größe des auftretenden Drehmomentes M ist durch die am Leiter entstehende mechanische Kraft und den Halbmesser des Ankers bestimmt. Rechnet man mit dem magnetischen Fluß Φ, so ergibt sich mit I als

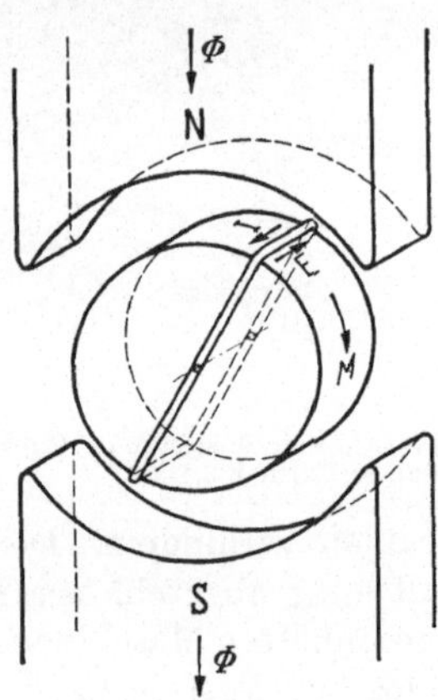

Abb. 9. Drehmoment und innere (Gegen-) EMK eines Motors. E EMK, I Ankerstrom, M Drehmoment, N, S Nord- und Südpol, Φ magn. Fluß.

Ankerstrom nach dem Kraftgesetz ein Drehmoment[1]

$$M = C_M \cdot \Phi \cdot I \,, \tag{1}$$

d. h. das Moment ist dem herrschenden Feld und dem fließenden Ankerstrom proportional.

Dabei hängt die Konstante C_M von der Bauart der Maschine ab. Sie hat beispielsweise bei Gleichstrommaschinen mit der heute allgemein üblichen Trommelwicklung den Wert

$$C_M = 3{,}25 \, \frac{p}{a} \cdot w_a \cdot 10^{-10} \,, \tag{1a}$$

wo p die Polpaarzahl, a die Zahl der Ankerzweigpaare und w_a die gesamte Ankerwindungszahl der Maschine ist. Die Zahlenfaktoren gelten für M in mkg, Φ in Maxwell und I in Ampere (A).

Das durch Gl. (1) gegebene Moment herrscht am Ankerumfang. Bis zur Energieabnahme an der Motorwelle bzw. an der Riemenscheibe oder am Ritzel wird dieses Moment durch innere Verluste im Motor verkleinert, nämlich die Momente der Lagerreibung, der Bürstenreibung an Kommutator oder Schleifringen, ferner die Momente der Luftreibung durch Selbstkühlung und durch einen etwa vorhandenen besonderen Lüfter.

Aus dem Drehmoment M und der Drehzahl n ergibt sich sofort in bekannter Weise die Leistung N aus der Gleichung

$$M = 975 \, \frac{N}{n} \tag{2a}$$

oder

$$M = 716 \, \frac{N}{n} \tag{2b}$$

wo n in U/m, M in mkg und bei Gl. (2a) N in kW, bei Gl. (2b) in PS einzusetzen ist. Für die Größe der Motordrehzahl bei Gleichstrommaschinen ist die innere Gegen-EMK der Maschinen maßgebend. Nach dem Induktionsgesetz ist diese EMK

$$E = C_E \cdot \Phi \cdot n \,, \tag{3}$$

d. h. sie ist dem herrschenden Feld und der Drehzahl proportional. Die Konstante C_E hängt wieder von der Bauart der Maschine ab und hat den Wert

$$C_E = \frac{p}{a} \cdot \frac{w_a}{30} \cdot 10^{-8} \,. \tag{3a}$$

Die Bedeutung der Buchstaben ist die gleiche wie oben bei Gl. (1a). Die Zahlenfaktoren gelten für E in Volt (V), Φ in Maxwell und n in U/m.

---

[1] Für die Ermittlung des Zahlenwertes von elektrodynamischer Kraft und induzierter Spannung, ferner für die Ableitung der Konstanten C_M und der später eingeführten C_E vgl. die in der Fußnote S. 2 angegebenen Literaturstellen.

Aus Gl. (3) läßt sich sofort die **Motordrehzahl** n bestimmen:

$$n = \frac{E}{C_E \cdot \Phi}, \tag{4}$$

wobei in überschläglichen Rechnungen für die EMK E im Normalbetrieb zahlenmäßig die Klemmenspannung des Motors (Netzspannung U) eingesetzt werden kann. Beide unterscheiden sich nur um einen Verlustbetrag im Anker, der besonders bei größeren Maschinen sehr gering ist. Wir rechnen also mit:

$$n \approx \frac{U}{C_E \cdot \Phi}. \tag{4a}$$

Bei **Asynchron**- und **Synchronmotoren** ist die Drehzahl sehr einfach bestimmt. Wie schon oben gesagt, läuft in diesen Maschinen ein sog. „Drehfeld" um, dessen Drehzahl

$$n = \frac{60\,f}{p} \tag{5}$$

ist, wo p wieder die Polpaarzahl und f die Frequenz des Wechselstromes bedeutet, die in Deutschland fast ausschließlich den Wert 50 Hertz ($= 50$ Perioden in der Sekunde) hat. Synchronmotoren laufen (ihrem Namen entsprechend) bei allen Belastungen mit genau der gleichen Drehzahl um, während Asynchronmotoren, also die überwiegend gebräuchlichen Drehstrommotoren, eine mit der Last veränderliche, einige Prozent darunter liegende Drehzahl haben. Da nur ganze Polpaarzahlen p ausführbar sind, können Drehstrommotoren nur mit Drehzahlen bei den sich aus Gl. (5) ergebenden „**synchronen Drehzahlen**" laufen, die stets ein ganzzahliger Bruchteil von $60\,f$ sind. Für $f = 50$ Hz gelten für $p = 1, 2, 3 \ldots 10$ die Drehzahlen 3000, 1500, 1000, 750, 600, 500, 428, 375, 333, 300.

Für die Rolle, die Drehmoment und Drehzahl bei jedem Antrieb spielen, ist die folgende Feststellung grundlegend: Die **Arbeitsmaschine** verlangt ein bestimmtes **Drehmoment**, der **Motor** legt dazu die **Drehzahl** fest. Dieser Satz beherrscht das ganze Zusammenarbeiten von Motor und Arbeitsmaschine. Um die ihr übertragene Aufgabe durchführen zu können, braucht die Arbeitsmaschine bei jeder Drehzahl ein meist eindeutig festliegendes Moment, oder — was auf dasselbe hinauskommt — eine bestimmte Leistung. Danach stellt der Motor dann im Rahmen der für ihn maßgebenden Gesetzmäßigkeiten seine Drehzahl ein. Praktisch wirkt sich das zunächst durch die bekannte Tatsache aus, daß ein zu kleiner Motor zunächst überlastet wird, darüber hinaus aber oft auch zu langsam läuft. Wir verlangen von jedem Motor, daß er die Arbeitsmaschine bei der gewünschten Drehzahl **durchzieht**.

β) Günstigste Drehzahl. Da die Arbeitsmaschinen oft für eine wenigstens in einem gewissen Bereich beliebige Drehzahl gebaut werden können, und da außerdem bei Riemen- und Zahntrieben eine ziemlich große Freiheit in der Wahl

der Übersetzung gegeben ist, entsteht sofort die Frage nach der günstigsten
Drehzahl für den Elektromotor. Ganz grundsätzlich ist hier zu sagen, daß der
billigste Motor sich bei hohen Drehzahlen ergibt. Der Grund ist folgender.
Am Ankerumfang liegen die Leiter, zwischen denen das magnetische Feld hin-
durchgeht. Der Ankerumfang (und damit der Ankerdurchmesser und die Maschinengröße) ist also durch den Platz bestimmt, der von Leitern und Feld beansprucht wird. Der Querschnitt der Leiter ist aber aus Erwärmungsgründen
durch den notwendigen Ankerstrom bedingt, während der vom Felde beanspruchte Platz durch die Größe des Flusses bestimmt wird. Mithin liegt die
Maschinengröße durch das Produkt Ankerstrom I mal Fluß Φ und damit nach
Gl. (1) durch das vom Motor verlangte Drehmoment fest. Sucht man also
bei einer bestimmten verlangten Leistung nach der kleinsten und billigsten
Maschine, so muß man einen Motor mit kleinem Drehmoment wählen.

Man wird daher bei allen Motorarten bestrebt sein, mit der Drehzahl möglichst weit heraufzugehen. Jedoch muß man aus manchen Gründen auch
davon abweichen. Zunächst haben höhere Drehzahlen höhere mechanische
Beanspruchungen des Läufers zur Folge, so daß höherwertige und damit teuerere
Konstruktionen und Werkstoffe notwendig sind, was den Preisvorteil der
schneller laufenden Maschine wieder einschränkt. So kostet beispielsweise
der geschützte 2,2 kW-Kurzschlußläufermotor eines bestimmten Fabrikates
bei 1000 U/m RM 215.—, bei 1500 U/m RM 165.— und bei 3000 U/m
RM 150.—. Beim Übergang von 1500 auf die doppelte Drehzahl 3000 ist die
Ersparnis also nur noch etwa 10%, während man beim Übergang von 1000 auf
die nur 50% höhere Drehzahl 1500 U/m fast 25% spart (vgl. auch Abb. 53).
Bei größeren Motoren besteht überdies eine obere Drehzahlgrenze, über die
man aus Festigkeitsgründen überhaupt nicht hinausgehen kann.

Ein weiterer Fall, in dem man nicht auf die theoretisch mögliche höchste
Drehzahl hinaufgehen kann, liegt vor, wenn Motor und Arbeitsmaschine direkt
gekuppelt werden sollen. Dann bestimmt die Arbeitsmaschine die Drehzahl. Man wird jedoch zu überlegen haben, ob man mit Rücksicht auf die Wirtschaftlichkeit nicht besser auf eine direkte Kupplung verzichtet und etwa Getriebe vorsieht[1]. So kosten bei einem Fabrikat beispielsweise offene Gleichstrommotoren für 600 U/min bei 8 kW RM 1376.— und bei 11 kW RM 1557.—,
während ein offener Motor mit 2000 U/min einschl. angeflanschtem Getriebe
für 2000:600 U/min (sog. Getriebemotor) bei 10 kW nur RM 1205.— kostet.
Bei kleineren Drehzahlen ist der Unterschied noch größer. Diese Betrachtung
zeigt auch, daß eine für höhere Drehzahlen gebaute Arbeitsmaschine kleinere
Motoren ermöglicht. Jedoch kann dadurch die Arbeitsmaschine selbst wieder
teurer werden, so daß man die Frage der wirklich günstigsten Drehzahl und
Kupplungsart nur bei gemeinsamer Berücksichtigung von Motor und Arbeits-

---

[1] Räderübersetzungen sind nach DIN VDE 2930 genormt.

maschine entscheiden kann. Hierauf sollte beim Entwurf eines jeden Antriebes Rücksicht genommen werden.

Schließlich sind es noch eine Reihe reiner Betriebsfragen, die die Wahl einer niedrigeren Motordrehzahl vorteilhafter erscheinen lassen. Genannt seien die Rücksichten auf Erschütterungen, Schwingungen, Geräuschbildung, Auswechselbarkeit und Kupplung. Auch ein notwendiger großer Regelbereich zwingt zu einer niedrig liegenden untersten Drehzahl, die dann einen verhältnismäßig großen Motor zur Folge hat. Bei Drehstrommotoren ist endlich die Drehzahlwahl dadurch beeinflußt, daß bei direkter Kupplung nur die synchronen Drehzahlen 3000, 1500, 1000 usw. möglich sind.

3. Schaltung und Anschluß.

Nach den bisherigen Ausführungen haben Ständer und Läufer aller Motoren je eine, bei einigen Maschinenarten sogar mehrere Wicklungen. Ihr Anschluß an das Netz, die Verbindung der Wicklungen untereinander und mit einem etwa vorhandenen Anlasser soll jetzt gezeigt werden. Dazu sei vorweg bemerkt, daß der Anlasser meist nichts weiter als ein stufenweise veränderbarer Widerstand ist, der den Anlaufstromstoß zu verringern und gegebenenfalls auch die Größe des Anlaufmomentes zu verändern hat.

α) **Gleichstrommotoren.** Bei den Gleichstrommotoren werden Ständer- (Erreger-) und Läufer- (Anker-) Wicklung in der Regel aus demselben Gleichstromnetz gespeist. Je nach der Zusammenschaltung

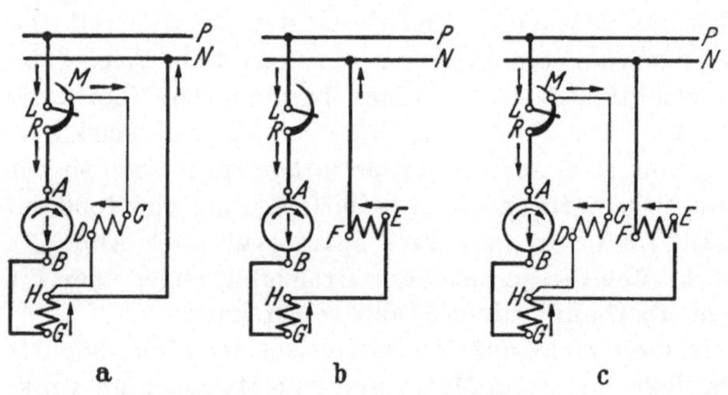

Abb. 10. Schaltungsbilder von Gleichstrommotoren für Rechtslauf mit Anlasser (a Nebenschluß-, b Reihenschluß-, c Doppelschlußmotor). *A—B* Anker, *C—D* Nebenschluß-Erregung, *E—F* Reihenschluß-Erregung, *G—H* Wendepole, *L, M, R* Anlasser.

beider unterscheidet man grundsätzlich Nebenschlußmotoren mit parallel geschalteten Wicklungen und Hauptschluß- oder Reihenschluß-Motoren, bei denen derselbe Strom die Ständer- und Läuferwicklung nacheinander durchfließt. Abb. 10a und b zeigt die Schaltung der beiden Grundformen mit dem Anker A—B, der Nebenschluß-Erregerwicklung C—D und der Reihenschluß-Erregerwicklung E—F. In Abb. 10c ist die Doppelschlußschaltung dargestellt, bei der auf jedem Hauptpol ein Teil der Wicklung (E—F) in Reihe mit dem Anker, der andere Teil (C—D) parallel zum Anker liegt[1].

---

[1] Für die sämtlichen Schaltungsbilder aller Maschinen vgl. ETZ 1929, S. 1497ff. Die Abb. 10 und 11 sind mit freundlicher Genehmigung des VDE dort entnommen. Bisher gilt noch VDE 0570/1909.

Bei allen drei Schaltungen sind noch Anlasser (L, R, M) und Wendepol-wicklungen (G—H) vorgesehen. Beim Anlasser stellt der sichelförmige Bogen den Widerstand und der von L ausgehende Strich die Schaltkurbel dar; bei R ist kein Widerstand eingeschaltet (großer Strom, normale Betriebsstellung), am schmalen Ende des Bogens liegt der ganze Widerstand vor dem Motor (kleiner Strom, Anlaß-Anfangsstellung). Die Nebenschluß-Erregerwicklung wird innerhalb des Widerstandes bei M angeschlossen. Wendepole mit Wendepol-wicklung G—H werden heute bei allen Gleichstrommaschinen von einigen kW aufwärts vorgesehen. Große Maschinen und auch hoch überlastbare mittlere Maschinen erhalten darüber hinaus noch die ebenfalls schon früher erwähnte Kompensationswicklung, die mit der Wendepolwicklung in Reihe liegt. Bei kleinen Motoren ohne Wendepole liegen die an H der Abb. 10 angeschlossenen Leitungen an der Klemme B. Außer Nebenschluß- und Reihenschluß-Erregung kommt gelegentlich noch Fremderregung vor, bei der die Erregerwicklung aus einer fremden Gleichstromquelle gespeist wird.

Alle in Abb. 10 enthaltenen Klemmenbezeichnungen sind genormt[1] und werden heute einheitlich verwendet, so daß man aus dem Buchstaben der Klemme sofort erkennen kann, zu welcher Wicklung sie gehört. Die Schaltbilder der Abb. 10 gelten für Rechtslauf (von der Antriebsseite aus gesehen); bei Linkslauf sind die Anschlüsse an den Erregerwicklungen C—D und E—F zu vertauschen. Grundsätzlich ist die Klemmenverbindung und der Anschluß stets nach dem jedem Motor beigegebenen Schaltbild durchzuführen.

β) **Drehstrommotoren.** Im Gegensatz zur Gleichstrommaschine ist bei den asynchronen und synchronen Drehstrommotoren nur der Ständer ans Netz angeschlossen. Im Läufer des Asynchronmotors entsteht der zur Erzeugung des Drehmomentes notwendige Strom durch eine dort selbst induzierte EMK, die von dem sich drehenden Drehfeld hervorgerufen wird. Beim Synchron-motor muß der Läufer, wie schon bemerkt, aus einem vorhandenen Gleich-stromnetz (Fremderregung) oder einem besonderen, meist mit dem Synchron-motor direkt gekuppelten Gleichstromgenerator gespeist werden (Eigenerregung). Die Ständer aller Drehstrommotoren und meist auch die Schleifring-läufer haben dem dreiphasigen Drehstrom entsprechend drei Wicklungsstränge und können in Stern oder in Dreieck geschaltet sein. In Abb. 11a ist im Ständer Dreieck-, im Läufer Sternschaltung angenommen. Gelegentlich verwendet man im Läufer auch eine zweiphasige Wicklung, was gewisse Vorteile hat. Abb. 11b zeigt das vereinfachte Schaltbild, das sog. „Schaltzeichen", des Schleif-ringläufermotors. Der äußere Kreis stellt den Ständer, der innere den Läufer dar. Die Angabe 3∼ bedeutet „dreiphasiger Wechselstrom" (Drehstrom). Die Schleifringe sind in Abb. 11 nicht dargestellt, jedoch ist der Anlasser aufgenommen, der hier aus drei Stufenwiderständen besteht. Bemerkenswert ist,

---

[1] wie Fußnote S. 12.

daß der Anlasser im Läuferkreis liegt, also an die Schleifringe anzuschließen ist. Der Grund wird später erläutert.

Kleine Kurzschlußläufermotoren werden direkt ans Netz gelegt und lediglich durch Einschalten des Hauptschalters angelassen, was bei Gleichstrommotoren meist nur bei Kleinmotoren unter 1 PS zulässig ist. Bei größeren Kurzschlußläufermotoren kann man den Anlauf verbessern, indem man die Ständerwicklung zum Anlassen zunächst in Stern und erst nach dem Hochlaufen in die betriebsmäßige Dreieckschaltung umschaltet. Abb. 11c enthält

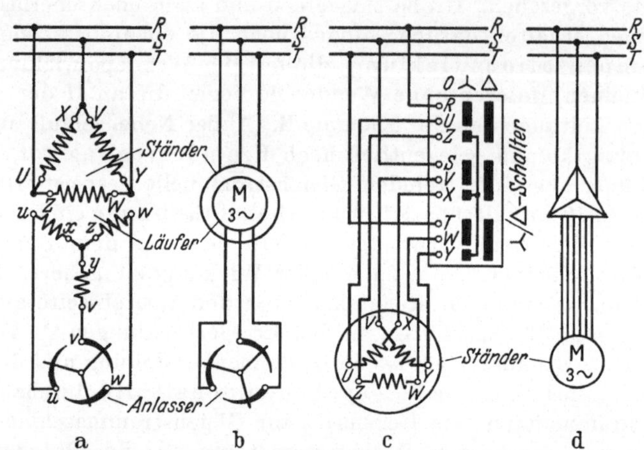

Abb. 11. Schaltbilder (a, c) und Schaltzeichen (b, d) von Drehstrommotoren mit Schleifringläufer mit Anlasser (a, b), ferner mit Kurzschlußläufer mit Stern-Dreieckschalter (c, d). *RST* Netz, *U, V, W, X, Y, Z* Ständerwicklung, *u, v, w, x y z* Läuferwicklung.

das Schema des hierfür vorwiegend verwendeten Walzenschalters. Die schwarzen Rechtecke sind Kontaktstücke auf einer drehbaren Walze, die Kreise sind feststehende Kontaktfinger. In der Nullstellung (0) berühren die Finger keine Kontaktstücke: der Motor ist ausgeschaltet. In der Sternstellung (λ) sind die drei Wicklungsanfänge U, V, W an die Netzleiter R, S, T angeschlossen, während die Wicklungsenden X, Y, Z zum Sternpunkt untereinander verbunden sind: der Motor läuft in Sternschaltung an. In der Dreieckstellung (△) sind je Ende eines und Anfang des nächsten Wicklungsstranges mit einer Netzphase verbunden: der Motor ist in normalem Betrieb. Abb. 11d stellt das Schaltzeichen des Kurzschlußläufermotors mit Sterndreieckschalter dar. Im Gegensatz zum Schleifringmotor wird der Kurzschlußmotor durch einen Kreis gekennzeichnet.

Die Klemmenbezeichnungen sind auch hier genormt: R, S, T für das Netz, U, V, W, X, Y, Z (große Buchstaben) für den Ständer, u, v, w, x, y, z (kleine Buchstaben) für den Läufer. Der Motor soll richtig angeschlossen sein, wenn U, V, W in alphabetischer Reihenfolge an R, S, T liegen.

Auf die Wiedergabe von Schaltbildern der seltener benutzten Synchron- und Wechselstrom-Kommutator-Motoren wird verzichtet. Die Schaltung des Synchronmotors wurde schon beschrieben. Der Wechselstrom-Reihenschluß- und Universal-Motor ist im wesentlichen nach Abb. 10b geschaltet. Für die Drehstrom-Kommutator-Motoren finden verschiedene Schaltungen Verwendung. Auch hier gilt das bei den Gleichstrommotoren Gesagte: es ist stets nach dem dem Motor beigegebenen Schaltbild anzuschließen und zu schalten. Gerade bei den Drehstrom-Kommutator-Motoren sind Sondervorschriften über die Reihenfolge der Klemmen u. a. genau zu beachten.

Im allgemeinen werden die Motoren der Bestellung entsprechend fertig geschaltet angeliefert und sind dann nur an die Netzklemmen, den Anlasser und gegebenenfalls andere Geräte anzuschließen. Es ist jedoch üblich, daß alle Enden der einzelnen Wicklungen zu Klemmen herausgeführt werden, die unter einer Abdeckhaube (Klemmendeckel) auf einer Isolierplatte liegen. Diese Klemmenplatte ohne Deckel ist am Ständer der Abb. 2 links zu erkennen, die Deckel sind vorn an den Motorgehäusen der Abb. 8 zu sehen. Das Herausführen aller Wicklungsenden zu den Klemmen erfolgt, um Umschaltungen, gegebenenfalls auch Messungen vornehmen zu können. Erforderlich sind Umschaltungen beispielsweise, wie schon gezeigt, beim Stern-Dreieck-Anlassen. Auch bei Gleichstrommaschinen sind Schaltungsänderungen zwischen Anker- und Erregerwicklung erforderlich, wenn etwa die Drehrichtung geändert oder die Reihenschlußwicklung E—F einer Doppelschlußmaschine abschaltbar sein soll. Auf die Durchführung und Wirkung dieser Schaltungsänderungen kommen wir noch zurück.

4. Auswahl der Motoren.

Von der Auswahl der Motoren haben wir etwas schon vorweggenommen, nämlich die Festlegung der günstigsten Drehzahl. Wir wollen jetzt auch die übrigen wesentlichen Gesichtspunkte kennen lernen, die bei der Auswahl eines Antriebsmotors beachtet werden müssen. Maßgebend sind hier besonders die Anforderungen der Arbeitsmaschine, weiter die Rücksichten auf den Aufstellungsort, die vorhandene Stromart, der Preis, schließlich Wirkungsgrad und Leistungsfaktor (cos φ) des Motors.

α) Betriebsarten, Nennwerte, Anlaufmoment. Die anzutreibende Arbeitsmaschine verlangt zunächst bestimmte Werte von Drehmoment, Drehzahl und Leistung. Dabei kann die Leistung nur selten verändert werden; sie ist einfach durch die Art der gewünschten Arbeit, die verlangte Produktion usw. bestimmt. Hierbei unterscheidet man je nach der regelmäßig verlangten Betriebsdauer verschiedene Betriebsarten. Beim Dauerbetrieb (DB) muß die diesem

Betrieb entsprechende „Dauerleistung" beliebig lange Zeit hindurch abgegeben
werden können, ohne daß der Motor zu heiß wird. Beim kurzzeitigen Betrieb (KB) und Dauerbetrieb mit kurzzeitiger Belastung (DKB) wird dieselbe
Forderung für die Abgabe der „Zeitleistung" während der vereinbarten Zeit
gestellt[1]. Schließlich muß beim aussetzenden Betrieb (AB) und Dauerbetrieb mit aussetzender Belastung (DAB) die „Aussetzleistung" bei dem regel-
mäßigen Spiel von Einschaltzeiten und Pausen abgegeben werden können. Bei
AB ist der Motor in den Pausen spannungslos, bei DAB läuft er leer. Die
Dauer-, Zeit- oder Aussetzleistung ist auf dem Leistungsschild des Motors „genannt" und wird daher als seine Nennleistung bezeichnet. Im Gegensatz
zu dieser Nennleistung des Motors können Drehmoment und Drehzahl oft
schon an der Arbeitsmaschine selbst, sonst aber durch die Wahl der Über-
tragungsart günstiger gestaltet werden. Das Nähere wurde hierzu auf S. 11
gesagt.

Außer der Leistung und Drehzahl verlangt die Arbeitsmaschine nun noch
eine Reihe weiterer Betriebseigenschaften. Man kann diese in der Hauptsache
zurückführen auf die Forderungen nach einem bestimmten Anlaufmoment,
einem günstigsten Drehzahlverhalten und einer etwa geforderten mehr oder
minder weitgehenden Drehzahlregelbarkeit. Aus der Nennleistung und Nenndrehzahl des Motors bestimmt sich sein Nennmoment, das je nach der Betriebsart dauernd, kurzzeitig oder aussetzend hergegeben werden muß. Ein
großer Teil der Arbeitsmaschinen verlangt nun beim Anlauf zur Massenbeschleu-
nigung oder aus anderen Gründen ein Anlaufmoment, das höher als das
Nennmoment liegt. Als Beispiele seien genannt: Webstühle, Pumpen, Kalan-
der, Zentrifugen, Zementmühlen, Walzenstraßen, Bahnen u. a. Fahrzeuge.
Nicht jeder Motor kann ein beliebig hohes Moment hergeben. Hierher gehören
besonders die Drehstrommotoren mit ihrem „Kippmoment" als höchstmög-
lichem Moment. Verlangt die Arbeitsmaschine ein höheres Moment, so bleibt
der Motor stehen. Aber auch dieses im Mittel beim 2- bis 2,5fachen Nennmoment liegende Kippmoment steht nicht immer beim Anlauf zur Verfügung.
Gleichstrommotoren sind günstiger, da sie schwersten Anlauf, allerdings unter
erhöhter Stromaufnahme ermöglichen. Die Erörterung der hierher gehörenden
Fragen wird S. 45ff. bringen.

β) **Drehzahlverhalten und Regelbarkeit.** Nach dem Anlaufmoment nannten
wir als zweite geforderte Betriebseigenschaft das Drehzahlverhalten. Hierunter versteht man die selbsttätige Drehzahländerung des Motors bei Änderung
seiner Belastung (des verlangten Momentes). In großen Zügen kann man dabei
zwischen einem starren, unnachgiebigen und einem weichen, elastischen Arbeiten unterscheiden. Der starre Motor hat eine bei allen Belastungen praktisch

---

[1] Je nach dieser Zeit spricht man auch von „Stundenleistung" usw., wenn die Leistung für eine
Stunde usw. gefordert wird.

konstante, der weich arbeitende Motor eine abnehmende, nachgebende Drehzahl. So verlangen beispielsweise die meisten Werkzeugmaschinen ein möglichst starres Verhalten, während Bahnen im Gegensatz dazu Motoren mit veränderlicher Drehzahl brauchen. Am einfachsten wird das Verhalten durch die Drehzahlkennlinien dargestellt, deren wichtigste die spätere Abb. 13 auf S. 23 bringt. Dort wird auch Näheres über die bei den einzelnen Verhalten in Frage kommenden Motoren gesagt.

Als letzte von der Arbeitsmaschine geforderte Betriebseigenschaft wurde die Drehzahl-Regelbarkeit erwähnt. Wohl die Mehrzahl der Antriebe braucht nur eine Drehzahl, ja soll nur mit dieser betrieben werden. Hierher gehören beispielsweise die Pumpen, Setzmaschinen, Schleifmaschinen, Bohrmaschinen usw. Andere Arbeitsmaschinen müssen regelbar sein, um entweder eine Aufgabe überhaupt durchführen zu können (Papiermaschinen, Druckereien u. a.) oder um möglichst wirtschaftlich zu arbeiten (Spinnmaschinen, Werkzeugmaschinen usw.). Meist liegen die geforderten Regelbereiche nicht höher als 1:3 bis 1:4; es kommen aber auch Fälle bis 1:10 und mehr vor (z. B. Universaldrehbänke, Walzenstraßen). Die Durchführung der auf S. 33 ff. im einzelnen besprochenen Motorregelung ist bei den verschiedenen Motoren recht verschieden. Außer der unmittelbaren Regelung des Motors selbst ist an sich auch eine Regelung durch geeignete Getriebe möglich (z. B. Umschaltgetriebe, Reibgetriebe, Stufenscheiben). Jedoch sind diese Verfahren grundsätzlich ungünstiger. Wie besonders Abschn. II a zeigen wird, sollten mechanische Regelverfahren nur dort angewendet werden, wo ein direkt regelbarer Motor aus anderen Gründen zu ungünstigeren Lösungen führt.

γ) **Schutzart und Bauform.** Als zweite Gruppe der für die Motorauswahl maßgebenden Gesichtspunkte wurde am Anfang dieses Abschnitts die Rücksicht auf den Aufstellungsort genannt. Hier ist einmal der Zustand des Raumes wichtig, in dem der Motor stehen soll, zum anderen hängt die Art des Zusammenbaues mit der Arbeitsmaschine von dieser und von der gewählten Kupplungsart ab. Der Raumzustand (z. B. staubhaltig in Spinnereien, Schleifereien, feucht in Brauereien, Bleichereien, Färbereien, Ställen, explosionsgefährlich in Bergwerken, Pulverfabriken) bestimmt in der Hauptsache die Schutzart nach S. 7. Grundsätzlich ist der offene Motor am kleinsten, leichtesten und billigsten; jedoch stehen die geschützten Ausführungen heute kaum hinter den offenen zurück. Recht teuer können hingegen geschlossene Motoren werden, da sie wegen der ungünstigeren Kühlungsverhältnisse größer gebaut werden müssen und außerdem oft Sondermaßnahmen wie besondere Kapselung der Schleifringe für Schlagwetterräume u. a. brauchen. Für einen zweckmäßigen Zusammenbau mit der Arbeitsmaschine stehen die ebenfalls schon auf S. 6 beschriebenen Bauformen zur Verfügung. Während es früher die Regel war, „normale" Motoren besonders der Form B3 zu verwenden, und diese dann irgendwie zu kuppeln, geht man heute immer mehr dazu über, den Motor beispielsweise durch Anflanschen organischer mit der Arbeitsmaschine zu verbinden oder ganz in diese aufzunehmen. Die späteren Abb. 51 u. 54 im Teil II zeigen Beispiele derartiger moderner Antriebe. Die Frage der Kupplungen und Getriebe wird eingehend auf S. 91ff. behandelt.

8) **Stromart und Motorpreis.** Die bisher behandelten Gesichtspunkte für die Motorauswahl waren von der Arbeitsmaschine und dem Arbeitsraum bestimmt. Eine wichtige elektrotechnische Frage ist die der Stromart. Wir können die Motorart nicht ohne deren Berücksichtigung festlegen, denn meist hat man nur eine bestimmte Stromart zur Verfügung. Weit überwiegend ist das heute Drehstrom von 220 oder 380 V. Nun hat aber gerade der einfache asynchrone Drehstrommotor die oft unangenehme Eigenschaft, wenig regelbar zu sein. Man muß also entweder mechanische Regelungen vorsehen, die, wie schon bemerkt, im allgemeinen vermieden werden sollten, oder man muß die recht teuren, regelbaren Drehstrom-Kommutator-Motoren wählen oder schließlich den Drehstrom in Gleichstrom umformen, um den sehr gut regelbaren Gleichstrommotor benutzen zu können. Die letzte Lösung ist nur in ganz bestimmten Fällen wirtschaftlich, besonders dort, wo eine große Anzahl von Regelantrieben vorkommen, so daß die Umformung oder Gleichrichtung sich lohnt.

Gerade diese Frage der Stromart und Regelbarkeit wird uns noch wiederholt beschäftigen. Es sei hier nur noch erwähnt, weshalb bei dieser Sachlage der Drehstrom sich dennoch mehr und mehr einführt. Für eine einigermaßen weitreichende Energieversorgung sind hohe Spannungen erforderlich, die bei dem gegenwärtigen technischen Stand bei Gleichstrom nicht verwendet werden können. Demgegenüber kann Wechselstrom im Transformator leicht von jeder Spannung auf jede andere vorkommende oder erforderliche Spannung herauf- oder heruntergesetzt werden. Unter den Wechselstromarten ermöglicht aber der (dreiphasige) Drehstrom für die überwiegende Zahl der nicht regelbaren Antriebe den weitaus einfachsten und billigsten Motor, nämlich den Asynchronmotor, der hier nicht nur dem Gleichstrommotor, sondern auch allen Motoren für andere Phasenzahlen (besonders Einphasenstrom) überlegen ist.

Für alle Fälle, in denen man die Wahl zwischen Gleichstrom und Drehstrom hat, lohnt es, einen Preisvergleich zwischen den gebräuchlichsten Ausführungen, nämlich dem Gleichstrom-Nebenschlußmotor und dem Asynchronmotor mit Schleifringläufer oder Kurzschlußläufer anzustellen. Abb. 12 zeigt zunächst einen Preislistenauszug in graphischer Form. Berücksichtigt sind lediglich Haupttypen, für die ihrer größeren Verwendung wegen etwa dieselben oder doch annähernd gleiche Kalkulationsgrundlagen vorausgesetzt werden können. Außer den ausgezogenen Kurven der Preise selbst sind noch gestrichelt eingetragen die Preisverhältnisse bezogen auf den billigsten Motor, nämlich den

Kurzschlußläufer mit normalem Rundstabkäfig. Berücksichtigt man die verschiedenen Schutzarten (offen und geschützt) und bedenkt man, daß zum vollständigen Antrieb mit Schleifring- oder Gleichstrommotor noch der Anlasser gehört, während der Kurzschlußläufermotor allenfalls einen billigen Stern-Dreieck-Anlaßschalter braucht, so findet man, daß die drei Motorarten im runden Durchschnitt sich im Preise etwa wie 1:1,5:2 verhalten (entsprechend Kurzschlußläufer- zu Schleifringläufer- zu Gleichstrommotor). Wenn dieses Ergebnis unmittelbar auch nur für das der Abb. 12 zugrunde liegende Fabrikat gilt, so zeigen Stichproben an Motoren anderer Firmen, daß auch hier etwa dieselben Verhältniszahlen gelten. Unter sonst gleichen Verhältnissen ver-

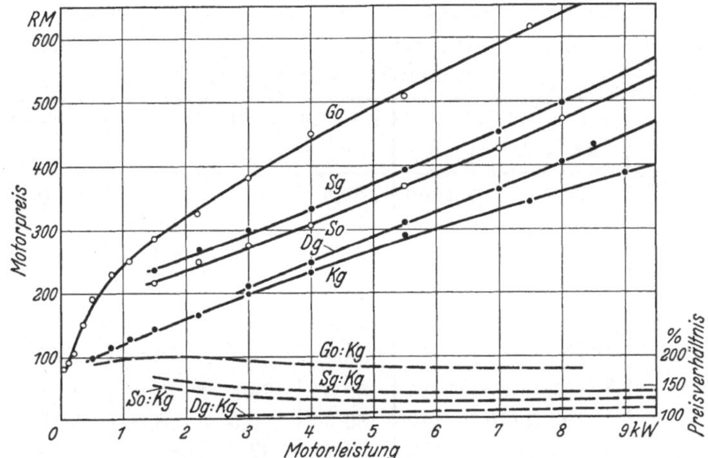

Abb. 12. Preise listenmäßiger Motoren gleichen Fabrikats, Form B 3 mit freiem Wellenstumpf, ohne Anlasser, für 220 V, 1380···1440 U/m. — *G* Gleichstrommotor, *K* Kurzschlußläufer mit normalem Käfig, *D* desgl. mit Sonder-Käfig, *S* Schleifringläufer, *o* offene Ausführung, *g* tropfwassergeschützte Ausführung.

dient also der Drehstrommotor mit Kurzschlußläufer aus wirtschaftlichen Gründen unbedingt den Vorzug, wenn nicht einer der anderen hier erörterten Gesichtspunkte seine Anwendung unvorteilhaft oder unmöglich macht.

Die Betrachtung wäre unvollständig, wenn wir die Drehstrom-Kommutatormotoren unberücksichtigt ließen, die besonders dort in Frage kommen, wo ein wirtschaftlich regelbarer Antrieb verlangt wird. Ihr größter Nachteil ist der sehr hohe Preis selbst gegenüber den Gleichstrommotoren. So kostet ein 4,0 kW-Motor für 1500 U/m synchron bei einem Regelbereich zwischen 750 und 2200 U/m je nach den Einzelheiten der Ausführung immer noch etwa 1500—2000 RM; das ist etwa das Zwei- bis Dreifache vom Preis eines Gleichstrommotors gleicher Verhältnisse. Man verwendet die Kommutator-

2*

motoren daher nur verhältnismäßig selten. Besonders haben sie in Spinnereien, Papierfabriken, Druckereien und für Pumpen Eingang gefunden.

ε) Wirkungsgrad und Leistungsfaktor. Als letzte Gesichtspunkte für die Motorauswahl wurden Wirkungsgrad und Leistungsfaktor genannt. Zahlentafel 1 zeigt einen Auszug aus den Normblättern für Motoren. Grundsätzlich hat auch bei den Elektromotoren die größere Maschine bei sonst gleichen Verhältnissen den höheren Wirkungsgrad. Auch der Leistungsfaktor (cos φ) ist besser, wie die Zahlentafel 1 zeigt. Unter den drei Motorenarten hat der Kurzschlußläufermotor als einfachster die geringsten Verluste, während der Wir-

Zahlentafel 1. Nennleistung, Drehzahl, Wirkungsgrad und Leistungsfaktor cos φ bei Vollast von genormten Motoren für 220 V und etwa 1500 U/m nach DIN VDE 2000, 2650 und 2651 (G = Gleichstrommotor, K = Kurzschlußläufermotor, S = Schleifringläufermotor).

Nennleistung		Drehzahl in U/m			Wirkungsgrad in %			Leistungsfaktor	
kW	PS	K[1]	S[1]	G	K	S	G	K	S
0,125	0,17	1390	—	1400	69,5	—	64,0	0,70	—
0,2	0,27	1390	—	1400	72,5	—	66,0	0,73	—
0,33	0,45	1400	—	1400	74,5	—	69,0	0,76	—
0,5	0,7	1400	—	1400	76,5	—	71,0	0,79	—
0,8	1,1	1400	—	1410	79,5	—	74,0	0,80	—
1,1	1,5	1410	—	1410	81,5	—	75,0	0,82	—
1,5	2,0	1410	1400	1410	82,5	79,5	77,0	0,83	0,80
2,2	3,0	1420	1410	1420	83,5	80,5	78,0	0,85	0,82
3,0	4,0	1420	1410	1420	84,5	82,0	80,0	0,86	0,83
4,0	5,5	1420	1420	1430	85,5	83,5	81,0	0,87	0,84
5,5	7,5	1430	1420	1430	86,5	84,5	82,0	0,87	0,84
7,5	10,0	1430	1430	1440	87,0	85,0	83,0	0,87	0,85
11,0	15,0	1440	1430	1440	87,5	85,5	84,0	0,87	0,86

kungsgrad des Gleichstrommotors am schlechtesten ist. Bei größeren Einheiten werden die Unterschiede geringer, jedoch bleibt wie im Preis so auch im Wirkungsgrad der Kurzschlußläufermotor den anderen überlegen. Im Leistungsfaktor ist der Gleichstrommotor am günstigsten, da er des Gleichstroms wegen einen cos φ = 1,0 hat.

Auf die Verluste der Motoren kommen wir bei der Besprechung der Maschinenabnahme auf S. 65 noch zurück. Hier sei kurz über den Leistungsfaktor noch das für den Motorbenutzer Wichtigste gesagt. Der Leistungsfaktor

---

[1] Nach Firmenangaben (Mittelwerte).

ist der Cosinus eines Winkels φ, um den die sinusförmigen Verläufe von Strom und Spannung verschoben sind. Beide Größen wechseln nicht gleichzeitig ihre Richtung, sondern in einem zeitlichen Abstand, der dem „Phasenwinkel" φ entspricht.

Während nun die dem Motor zugeführte Leistung bei Gleichstrom den Wert

$$N = U\,I \tag{6}$$

hat (U Klemmenspannung, I Netzstrom), ist diese Leistung bei Einphasenstrom

$$N = U \cdot I \cdot \cos \varphi \tag{7}$$

und bei Drehstrom

$$N = U \cdot I \cdot \sqrt{3} \cdot \cos \varphi\,, \tag{8}$$

wo U die Klemmenspannung zwischen je zwei Netzleitern (sog. Netzspannung) und I der Strom auf einem der Netzleiter (sog. Netzstrom) ist. Wird in den Gleichungen U in V und I in A eingesetzt, so erhält man N in Watt (W). Die Gleichungen zeigen sofort, daß man zum Erreichen einer bestimmten Leistung bei gegebener Netzspannung einen um so größeren Strom braucht, je kleiner der $\cos \varphi$ ist. Ein größerer Strom verlangt aber größere Leitungsquerschnitte, so daß alle Anlageteile teurer werden bzw. schlechter ausgenutzt sind.

$\boldsymbol{\eta}$) **Phasenverbesserung.** Abnehmer und Elektrizitätswerk haben daher zur Erreichung eines wirtschaftlicheren Betriebes ein Interesse daran, daß der $\cos \varphi$ möglichst hoch ist. Würden nun die in Zahlentafel 1 enthaltenen, immerhin noch guten Werte des Leistungsfaktors immer vorliegen, so könnte man zufrieden sein. Es zeigt sich jedoch, daß die leider oft vorkommende Teilbelastung von Motoren Leistungsfaktoren verursacht, die weit unter den für Vollast geltenden der Zahlentafel 1 liegen. Besonders in Netzen mit großem Kraftverbrauch für landwirtschaftliche Zwecke sind Leistungsfaktoren von 0,5 und weniger festgestellt worden. In diesem Fall beträgt die Ausnutzung nur 50% der bei $\cos \varphi = 1{,}0$ möglichen Leistung. Ob sich Maßnahmen zu einer Phasenverbesserung, d. h. Vergrößerung des $\cos \varphi$ lohnen, hängt einerseits von den hierdurch gemachten Ersparnissen, andererseits von den zusätzlichen Kosten für die Phasenverbesserung ab. Außerdem sind gegebenenfalls die gewährten Tarifvorteile des Elektrizitätswerks zu berücksichtigen.

Bei dem gegenwärtigen Stande kommen für die Phasenverbesserung kleiner und mittlerer Motoren nur Kondensatoren in Frage, die entweder jedem Motor oder einer Motorgruppe parallel geschaltet werden. Auf die bei größeren Antrieben benutzten Synchronmotoren und kompensierten Drehstrommotoren soll hier nicht eingegangen werden[1]. Die erforderliche Kondensator-Kapazität kann folgendermaßen berechnet werden. Nimmt ein Motor oder eine Verbrauchergruppe bei irgendeinem Belastungszustand einen Strom I_1 bei einem

---

[1] Vgl. Abschnitt I b 1 α, S. 24.

$\cos \varphi_1$ auf, so hat der neue Strom bei einem gewünschten $\cos \varphi_2$ und gleicher Spannung den Wert

$$I_2 = I_1 \frac{\cos \varphi_1}{\cos \varphi_2} \, . \tag{9}$$

Werden die Kondensatoren der drei Phasen nun in Dreieck geschaltet, so muß in jeder Kondensatorphase ein Strom

$$I_C = \frac{I_1 \sin \varphi_1 - I_2 \sin \varphi_2}{\sqrt{3}} \tag{10}$$

fließen. Daraus erhält man die notwendige Kapazität je Phase in Farad (F) zu

$$C = \frac{I_C}{U \cdot \omega} \tag{11}$$

mit U als Netzspannung zwischen zwei Leitern (übliche Nennspannung des Drehstromes) und $\omega = 2\,\pi\,f$ mit f als Frequenz (bei $f = 50$ Hz ist $\omega = 314$). Um den üblichen Kapazitätswert in Mikrofarad (μF) zu erhalten, ist die aus Gl. (11) erhaltene Zahl mit 10^6 zu multiplizieren.

Soll beispielsweise eine Gruppe von zehn vollbelasteten Kurzschlußläufermotoren je 0,2 kW, 220 V, 50 Hz nach Zahlentafel 1 auf $\cos \varphi_2 = 0,95$ verbessert werden, so ergibt sich die folgende Rechnung. Bei $10 \cdot 0,2 = 2$ kW Abgabe und $\eta = 72,5\,\%$ Wirkungsgrad nehmen die Motoren zusammen $2 : 0,725 = 2,75$ kW $= 2750$ W auf. Bei 220 V Drehstromspannung ist der Strom nach Gl. (8), S. 21

$$I_1 = \frac{N}{U \cdot \sqrt{3} \cdot \cos \varphi_1} = \frac{2750}{220 \cdot \sqrt{3} \cdot 0,73} = 9,9 \text{ A} \, .$$

Für die Verbesserung auf $\cos \varphi_2 = 0,95$ muß der neue Strom nach Gl. (9)

$$I_2 = 9,9 \, \frac{0,73}{0,95} = 7,6 \; A$$

betragen. Mit $\sin \varphi_1 = \sqrt{1 - \cos^2 \varphi_1} = \sqrt{1 - 0,73^2} = 0,685$ und $\sin \varphi_2 = \sqrt{1 - 0,95^2}$ $= 0,313$ wird der Kondensatorstrom I_C bei Dreieckschaltung nach Gl. (10)

$$I_C = \frac{9,9 \cdot 0,685 - 7,6 \cdot 0,313}{\sqrt{3}} = \frac{6,8 - 2,4}{\sqrt{3}} = \frac{4,4}{\sqrt{3}} = 2,55 \text{ A} \, ,$$

so daß dann nach Gl. (11) in jeder Phase

$$C = \frac{2,55}{220 \cdot 314} = 36,9 \cdot 10^{-6} \text{ F} = 36,9 \, \mu\text{F}$$

erforderlich sind. Es müssen also drei Kondensatoren je 40 μF (listenmäßige Type) beschafft und vor den Motoren in Dreieck geschaltet werden.

Ganz ähnlich ist die Rechnung, wenn teilbelastete Motoren mit Phasenkondensatoren ausgerüstet werden sollen. Man muß dazu Strom I und $\cos \varphi$

bei der betreffenden Teillast kennen. Wenn keine Geräte zu deren Messung zur Verfügung stehen, können beide Werte vom Hersteller des Motors erfragt werden.

Unsere Betrachtungen über die Auswahl der Motoren zeigen, daß je nach den vorliegenden Verhältnissen recht verschiedene Gesichtspunkte zu berücksichtigen sind. Trotzdem ist die Wahl in dem häufigsten Antriebsfall sehr einfach: Wird nur eine möglichst konstante Drehzahl verlangt und steht Drehstrom zur Verfügung, so ist der einfache und in Anschaffung und Betrieb billige Asynchronmotor, möglichst mit Kurzschlußläufer, am Platze. Abweichungen hiervon sind besonders dann nötig, wenn ein anderes Drehzahlverhalten oder aber Regelbarkeit verlangt wird, oder wenn auf den Anlauf besondere Rücksichten zu nehmen sind. Diese Fragen sollen im folgenden vorwiegend behandelt werden. Wir werden dabei auch alle betrieblichen Eigenheiten der Elektromotoren näher kennenlernen.

b) Drehzahlverhalten.

Schon auf Seite 16 definierten wir das Drehzahlverhalten eines Motors als seine selbsttätige Drehzahländerung bei einer Zu- oder Abnahme der Belastung. Der Motor ändert also ohne äußere Regelung seine Drehzahl nach bestimmten Gesetzen unter dem Einfluß von Lastschwankungen. Dargestellt wird dieses Verhalten durch die Motorkennlinie, deren Aussehen bei den wichtigsten Motoren zunächst gezeigt werden soll.

1. Motorkennlinien.

Alle vorkommenden Elektromotoren können bezüglich ihres Verhaltens grundsätzlich in die folgenden drei Gruppen unterteilt werden[1]:

1. Motoren mit gleichbleibender Drehzahl. Die Drehzahl ist von der Leistungsabgabe unabhängig (Synchronverhalten).

2. Motoren mit fast gleichbleibender Drehzahl. Die Drehzahl ändert sich nur wenig mit der Leistungsabgabe (Nebenschlußverhalten).

3. Motoren mit stark veränderlicher Drehzahl. Die Drehzahl steigt bei Entlastung stark an (Reihenschlußverhalten).

Ihre Namen haben die Verhalten von bestimmten Motorarten. So bezeichnen wir den Fall völlig gleichbleibender Drehzahl nach dem Synchronmotor als Synchronverhalten. Die unter 2. und 3. genannten sind nach dem Gleichstrom-Nebenschluß- und Gleichstrom-Reihenschluß-Motor

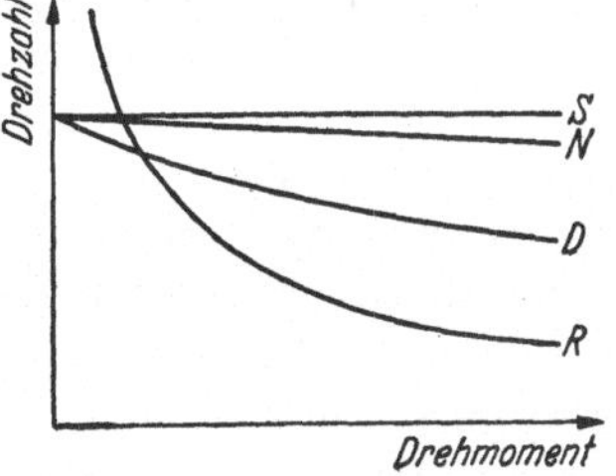

Abb. 13. Drehzahlverhalten von Elektromotoren. *S* Synchronverhalten, *N* Nebenschlußverhalten, *D* Doppelschlußverhalten, *R* Reihenschlußverhalten.

---

[1] Nach § 17 I der schon erwähnten REM.

benannt, trotzdem diese Verhalten auch bei Wechselstrommotoren vorkommen. Abb. 13 zeigt in den Kurven S, N und R die zugehörigen drei Kennlinien, in denen die Drehzahl über dem Moment aufgetragen ist, das die Arbeitsmaschine verlangt und der Motor hergibt. Außerdem ist als vierte noch die Linie D eingetragen, die als Zwischenstufe von N und R mitunter vorkommt und nach dem Gleichstrom-Doppelschlußmotor als Doppelschlußverhalten bezeichnet wird.

α) Synchronverhalten. Der Synchronmotor kann lediglich mit der durch Gl. (5) angegebenen sog. synchronen Drehzahl laufen, die außer durch die Netzfrequenz nur durch die Polzahl des Läufers bestimmt wird. Der Grund hierfür ist, daß das mit dieser Drehzahl im Ständer umlaufende Drehfeld den gleichstromerregten Polrad-Elektromagneten mitnimmt. Wird die Belastung so groß, daß die Kräfte zwischen Ständerdrehfeld und Läufer nicht mehr für die Mitnahme ausreichen, dann hält die Arbeitsmaschine den Läufer des Motors gewaltsam zurück. Da der Motor aber auf Grund seiner inneren Vorgänge mit keiner anderen als der synchronen Drehzahl laufen kann, bleibt er stehen. Das Drehmoment, bei dem der Motor außer Tritt fällt, wird als „Kippmoment" bezeichnet.

Synchronmotoren finden überall dort mit Vorteil Verwendung, wo eine ganz konstante bzw. allein von der Frequenz abhängige Drehzahl verlangt wird. Unter den Kleinantrieben ist die Synchronuhr der bekannteste. Die Verwendung solcher Uhren hat zur Voraussetzung, daß die Frequenz des Netzes „zeitgeregelt" ist, d. h. daß die Frequenz auf ihren Sollwert astronomisch kontrolliert wird, was heute auch im allgemeinen der Fall ist.

Eine weitere Bedeutung haben die Synchronmotoren dadurch erlangt, daß sie ähnlich wie Kondensatoren zur Phasenverbesserung beitragen können. Maßgebend für den cos φ ist die Größe des Erreger-Gleichstromes im Läufer. Bei einem bestimmten Wert des Erregerstromes nimmt der Motor die elektrische Leistung bei cos φ = 1,0 auf, so daß dann der günstigste Fall vorliegt. Bei stärkerer Erregung, sog. Übererregung, werden Ströme aufgenommen, die wie die Kondensatorströme den gesamten cos φ der Anlage heraufsetzen.

β) Nebenschlußverhalten. Weit überwiegend werden Motoren mit Nebenschlußverhalten verwendet, da die meisten Antriebe eine zwischen Vollast und Leerlauf nur wenig veränderte Drehzahl brauchen. Die Nebenschlußkennlinie trifft besonders für den Gleichstrom-Nebenschlußmotor nach Abb. 10a und den Drehstrom-Asynchronmotor nach Abb. 11 zu. Auch Einphasen-Induktionsmotoren und Drehstrom-Nebenschlußmotoren haben das starre, in der Drehzahl nur wenig nachgiebige Nebenschlußverhalten.

Die Drehzahländerung beträgt zwischen Vollast und Leerlauf meist nur einige Prozent, bei kleineren Motoren mehr, bei größeren weniger. Abb. 14 zeigt als Beispiel die Kennlinien eines Gleichstrom-Nebenschlußmotors für 2,2 und eines ebensolchen für 7,5 kW Nennleistung (mechanische Abgabe) mit einer Drehzahländerung von $(1650—1425):1425 = 0,158 = 15,8\%$ bzw. $(1460—1280):1280 = 0,14 = 14\%$ zwischen Nennleistung und Leerlauf. Die Ursache für die Drehzahlabnahme beim Gleichstrom-Nebenschlußmotor liegt in dem auf S. 10 vernachlässigten geringen Unterschied zwischen Klemmenspannung U und EMK E. Da dieser Unterschied bei größeren Belastungen höher wird, muß bei konstanter Klemmenspannung die EMK E und damit die Drehzahl n heruntergehen. Die Drehzahländerungen der beiden Motoren nach Abb. 14 sind verhält-

nismäßig groß, da diese Motoren mit einer kleinen sog. Hilfsreihenschlußwicklung ausgerüstet sind. Außer der Drehzahllinie sind in Abb. 14 noch der aufgenommene Strom und der Wirkungsgrad angegeben. Ein Vergleich mit der Zahlentafel 1 von S. 20 zeigt, daß die Wirkungsgrade die im Normblatt verlangten Werte gerade erreichen. Die Kennlinien gelten, wie üblich, für kon-

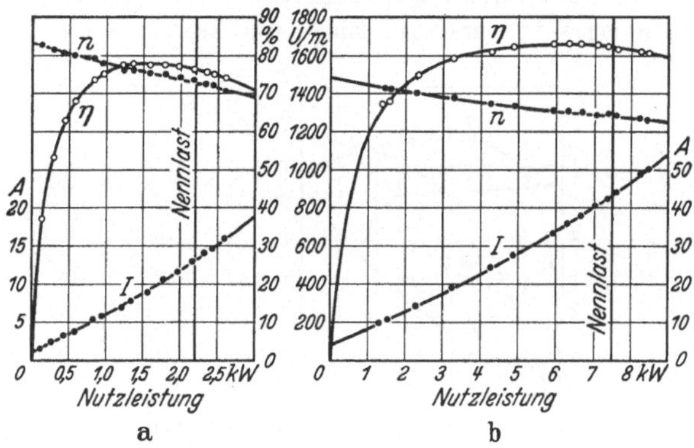

Abb. 14. Kennlinien von Gleichstrom-Nebenschlußmotoren mit Hilfsreihenschlußwicklung, für 2,2 kW und 7,5 kW Nennleistung, 220 V Nennspannung. I Aufgenommener Gesamtstrom in A, n Drehzahl in U/m, η Wirkungsgrad in %.

stante Netzspannung gleich der Nennspannung, was zwar nicht immer ganz zutrifft, jedoch bei einem ordentlich geführten Netz als praktisch richtig angenommen werden kann.

Als zweiten Motor mit Nebenschlußverhalten nannten wir den asynchronen Drehstrommotor. Abb. 15 zeigt die Kennlinien von zwei Ausführungen, und zwar einen kleineren Kurzschlußläufermotor von 2,2 kW und einen größeren Schleifringläufermotor von 7,5 kW Nennleistung. Die Drehzahländerung beträgt bei dem größeren Motor zwischen Vollast (1410 U/m) und Leerlauf (1500 U/m) etwa 6%. Zur Klärung der Frage, weshalb der Asynchronmotor trotz des auch bei ihm vorhandenen Drehfeldes im Gegensatz zum Synchronmotor in der Drehzahl zurückbleiben kann, sei kurz auf die inneren Vorgänge eingegangen.

Während der Läufer des Gleichstrommotors seinen Strom aus dem Netz zugeführt erhält, entsteht der Läuferstrom des Asynchronmotors infolge des Drehfeldes nach dem Induktionsgesetz im Läufer selbst[1]. Das Drehfeld schneidet

---

[1] Daher heißen diese Motoren auch „Induktionsmotoren".

die Stäbe des zunächst stillstehenden Läufers mit großer Geschwindigkeit und ruft eine beträchtliche Spannung hervor. Entweder ist der Läufer nun in sich kurz geschlossen (Kurzschlußkäfig) oder über Schleifringe an den Anlasser gelegt, so daß der Stromkreis auch geschlossen ist (Schleifringläufer). In jedem Fall entsteht in den Läuferleitern ein mehr oder minder großer Strom I, der zusammen mit dem Drehfeld Φ nach Gl. (1) ein Drehmoment hervorruft. Dieses ist der Umdrehungsrichtung des Drehfeldes gleichgerichtet, so daß der Läufer dem Felde nachläuft. Je schneller der Läufer sich nun dreht, desto langsamer werden die Kraftlinien geschnitten, desto kleiner wird mithin nach dem Induktionsgesetz auch die EMK und damit der Strom und das Drehmoment.

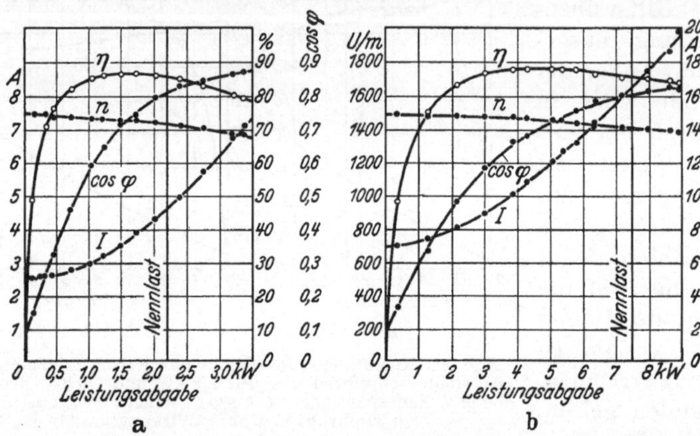

Abb. 15. Kennlinien von Asynchronmotoren: a) Kurzschlußläufer-Motor für 2,2 kW, 380 V, 1425 U/m und b) Schleifringläufer-Motor für 7,5 kW, 380 V, 1410 U/m Nenndaten. I Aufgenommener Ständerstrom in A, n Drehzahl in U/m, η Wirkungsgrad in %, cos φ Leistungsfaktor.

Hieraus folgt zweierlei. Erstens erreicht der Läufer niemals die Drehfelddrehzahl; denn täte er es, so würden wegen des synchronen Laufs keine Kraftlinien mehr geschnitten, es entständen keine Spannungen und Ströme und es könnte kein den Lauf aufrechterhaltendes und Arbeit leistendes Drehmoment da sein. Der Motor muß also asynchron laufen. Man bezeichnet das Nachhinken der Motordrehzahl hinter der Drehfelddrehzahl als „Schlupf" oder „Schlüpfung" und sagt, der Motor schlüpft. Zweitens ergibt sich aus der Wirkungsweise des Motors auch die Erscheinung der Drehzahlabnahme bei steigender Belastung. Soll ein größeres Moment abgegeben werden, so muß nach Gl. (1), S. 9, ein höherer Strom in den Leitern des Läufers fließen. Das ist aber nur möglich, wenn eine höhere Spannung zur Verfügung steht, die wieder ein schnelleres Schneiden des Feldes, also einen größeren Schlupf verlangt. Bei nicht zu hohen Belastungen sind Drehmoment und Schlupf einander proportional, was in dem geradlinigen Verlauf der Drehzahllinie zum Ausdruck kommt.

Auch der Asynchronmotor hat ein **Kippmoment**, über das hinaus er nicht belastet werden kann, ohne stehenzubleiben. Es liegt im Mittel beim 2- bis 2,5fachen Normalmoment, so daß es nur in seltenen Fällen berücksichtigt zu werden braucht.

Außer den Drehzahllinien zeigt Abb. 15 wieder den Verlauf des dem Netz entnommenen Ständerstroms und des Wirkungsgrades. Außerdem sind die Linien des Leistungsfaktors eingetragen. Bei beiden Motoren ist die schon früher erwähnte Tatsache gut zu erkennen, daß der cos φ bei Teillast schnell schlechter wird. Die Motoren haben gegenüber Vollastwerten von 0,81 bzw. 0,80 bei Halblast nur noch Werte von 0,60 bzw. 0,66, bei Viertellast gar nur noch 0,38 bzw. 0,46. Es ist daher wichtig, daß man Drehstrommotoren **nicht zu reichlich** wählt. Zu beachten ist besonders, ob wirklich Dauerbetrieb vorliegt oder damit gerechnet werden muß. Anderenfalls sollte der Motor für Kurzzeitbetrieb oder Aussetzbetrieb vorgesehen werden (vgl. S. 69). Überlastungen bringen selbst bei hohen Beträgen keine wesentlichen Verschlechterungen des Leistungsfaktors, sind allerdings auf längere Zeit nicht zulässig.

Beim Einphasen-Induktionsmotor und Drehstrom-Nebenschlußmotor verzichten wir der geringeren Bedeutung wegen hier auf die Wiedergabe von Kennlinien (vgl. die spätere Abb. 23a). Der **Einphasen-Induktionsmotor** ist in seinem Verhalten und in seiner Wirkungsweise dem asynchronen Drehstrommotor sehr ähnlich. Er unterscheidet sich von ihm besonders durch den andersartigen Anlauf, da er kein Drehfeld hat. Wir kommen bei der Besprechung der Anlaufverhältnisse auf S. 57ff hierauf zurück. Auch die Drehzahlkennlinie des **Drehstrom-Kommutatormotors** mit **Nebenschluß****verhalten** hat grundsätzlich dasselbe Aussehen wie die Linie N in Abb. 13. Wir gehen auf diesen Motor bei der Besprechung seiner guten Regelbarkeit noch weiter ein.

γ) Reihenschlußverhalten. Während die meisten Antriebe eine bei allen Belastungen wenigstens annähernd gleiche Drehzahl fordern und daher mit Gleichstrom-Nebenschlußmotoren oder Asynchronmotoren ausgerüstet werden, ist in einigen Fällen ein besonders weiches, in der Drehzahl nachgiebiges Verhalten erwünscht. Besonders übersichtlich tritt das beim Antrieb von Bahnen und anderen Fahrzeugen in Erscheinung. Beim Anfahren sind große Massen zu beschleunigen, also muß bei kleinen Drehzahlen ein erhebliches Moment hergegeben werden. Im Gegensatz dazu sind bei voller Fahrt nur die geringeren Reibungswiderstände (Schiene, Luft usw.) zu überwinden, so daß bei hoher Drehzahl kleinere Momente gefordert werden. Am günstigsten ist also ein Drehzahlverhalten nach Linie R der Abb. 13, das bei allen Reihenschlußmotoren (Gleichstrom-, Einphasen- und Drehstrom-) und bei dem als Repulsionsmotor bezeichneten Einphasen-Kommutatormotor mit kurzgeschlossenen Bürsten vorliegt. Trotz mancher anderer Schwierigkeiten hat der Elektromotor daher im Bahn- und sonstigen Fahrzeugantrieb den Dampf- und Brennkraftmotor zurückdrängen können, weil diese ein weniger günstiges Drehzahlverhalten haben.

Der Gleichstrom-Reihenschlußmotor in der Schaltung nach Abb. 10b ist der beste Bahnmotor, da er gegenüber den anderen Reihenschlußmotoren im Betrieb am einfachsten ist. Er findet außer im Fahrzeugantrieb besonders noch Verwendung für Krane und bei Kleinantrieben. Abb. 16 zeigt die Kennlinien eines Kranmotors für 2,2 kW Aussetzleistung (25% Einschaltdauer). Man erkennt das starke Ansteigen der Drehzahl bei Entlastung; zwischen 1060 U/m bei Nennleistung und 1630 U/m bei Halblast hat der Motor eine Drehzahländerung von über 50%.

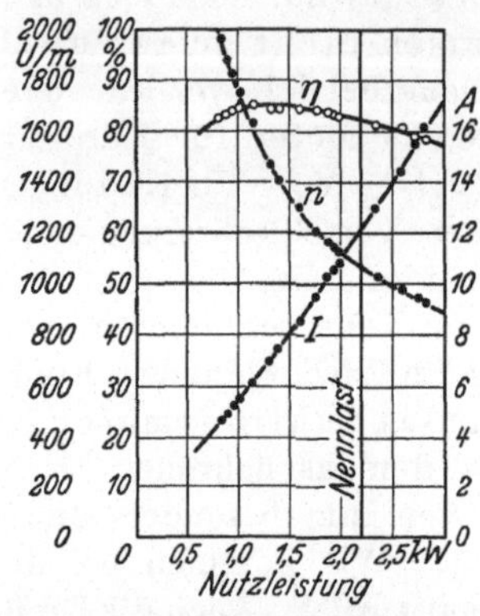

Abb. 16. Kennlinien eines Gleichstrom-Kranmotors mit Reihenschluß-Erregung, mit den Nenndaten 2,2 kW, 25% Einschaltdauer, 220 V.

Der Grund für die große Nachgiebigkeit der Drehzahl ergibt sich wieder aus der Wirkungsweise. Entscheidend ist, daß in der Erregerwicklung derselbe Strom wie in der Ankerwicklung fließt, und daß daher das Feld Φ vom Ankerstrom I abhängt. Wird der Motor beispielsweise entlastet, so gehen Strom und Feld herunter. Da die Klemmenspannung U gleich bleibt, muß nach der Drehzahl-Gl. (4a), S. 10, bei fallendem Fluß die Drehzahl heraufgehen. Darin liegt eine große Gefahr: bei sehr weitgehender Entlastung kann die Drehzahl so stark ansteigen, daß der Läufer zerreißt und der Motor damit zerstört wird. Reihenschlußmotoren dürfen daher nur unter Last gefahren werden und dürfen besonders nie in Antrieben benutzt werden, in denen weitgehende Entlastungen betriebsmäßig vorkommen (z. B. Werkzeugmaschinen) oder doch sonst auftreten können. Insbesondere sind Reihenschlußmotoren bei Riementrieben unzulässig. Bei Bahnen und Kränen, wo stets die Last daran hängt, ist ihre Verwendung hingegen unbedenklich, so daß hier der günstige Drehzahlverlauf des Reihenschlußmotors ausgenutzt werden kann.

Die oben beschriebene Gefährdung des Motors beim Durchgehen ist in der Regel bei kleinsten Motoren nicht vorhanden, da hier einerseits der prozentuale Drehzahlanstieg infolge der hohen Leerlaufverluste nicht so groß ist, andererseits die kleinen Anker höhere Drehzahlen aushalten können. So zeigt Abb. 17 die Kennlinien eines Universalmotors für 100 W Nennleistung. Wie schon früher gesagt wurde, ist dieser Motor an Gleich- und Wechselstrom verwendbar. Die Nenndaten sind dabei etwas verschieden. Bezogen auf 100 W ergibt sich aus den gemessenen Kurven der Abb. 17 für

Gleichstrom   100 W, 6000 U/m, 1,65 cmkg, 0,81 A, $\eta = 56\%$
Wechselstrom 100 W, 6300 U/m, 1,55 cmkg, 0,91 A, $\eta = 57\%$,
$$\cos \varphi = 0,915.$$

Auch die Leerlaufdrehzahlen weichen etwas voneinander ab. Sie liegen bei diesem kleinen Motor etwa bei der 2,3fachen Nenndrehzahl. Bemerkenswert ist noch, daß bei einem bestimmten Drehmoment die Stromstärke bei Wechselstrom höher als bei Gleichstrom, Leistung und Wirkungsgrad hingegen, besonders bei stärkeren Überlastungen, wesentlich niedriger liegen. Die Ursache hierfür ist besonders der mit der Belastung immer stärker abnehmende $\cos \varphi$.

Repulsions- und Drehstrom-Kommutator-Reihenschlußmotoren sind weniger wichtig, so daß wir ebenso wie beim Kommutator-Nebenschluß-

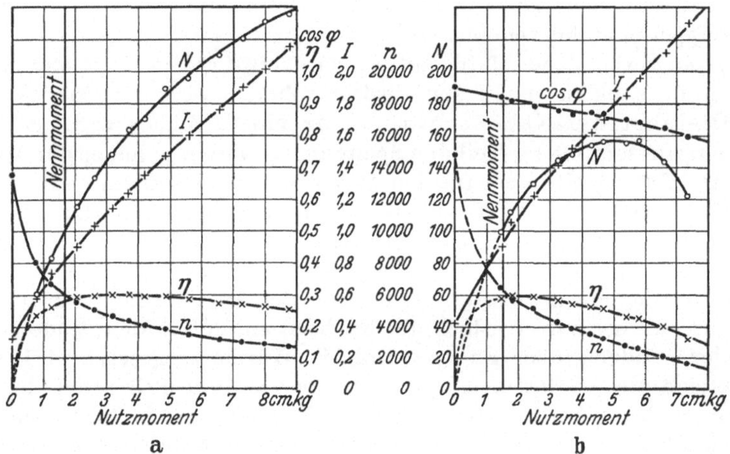

Abb. 17. Kennlinien eines Universalmotors bei Gleichstrom (a) und Wechselstrom (b) für 100 W, 220 V, 0,8/0,9 A, 6000 U/m. *I* Aufgenommener Strom in A, *N* Leistungsabgabe in W, *n* Drehzahl in U/m, η Wirkungsgrad in %, $\cos \varphi$ Leistungsfaktor.

motor auf die Wiedergabe der Kennlinien hier verzichten (vgl. die spätere Abb. 23b). Die Drehzahllinien sind denen anderer Reihenschlußmotoren ähnlich.

Einphasen-Kommutator-Reihenschlußmotoren kommen in erster Linie als Antriebsmotoren für Fernbahn-Lokomotiven und Triebwagen vor. Ihr Verhalten entspricht dem des Gleichstrom-Reihenschlußmotors. Bemerkenswert ist, daß Fernbahnen mit Rücksicht auf die schwierigeren Betriebsverhältnisse dieser Motoren fast durchweg mit niedrigeren Frequenzen, hauptsächlich mit 15, $16^2/_3$ und 25 Hz, betrieben werden.

δ) **Doppelschlußverhalten.** Als letzte Kennlinie war in Abb. 13 noch die des Doppelschlußmotors enthalten. Bei manchen Antrieben (z. B. Walzenstraßen) ist das besonders bei größeren Maschinen recht starre Verhalten des Nebenschlußmotors unerwünscht, ohne daß jedoch ein Reihenschlußmotor brauchbar wäre. Hier sind Maßnahmen am Platze, die ein Verhalten nach der Linie D in Abb. 13 ergeben.

Beim Gleichstrom-Doppelschlußmotor wird das durch Aufbringen einer Nebenschluß- und einer Reihenschlußwicklung auf den Polen erreicht. Die Nebenschlußwicklung liefert dann einen konstanten Feldanteil, während die Reihenschlußwicklung eine vom Strom und damit von der Belastung abhängige Komponente darüber lagert, die dann in der beim Reihenschlußmotor beschriebenen Weise eine stärkere Drehzahländerung bewirkt. Durch die Wahl der Windungszahlen beider Erregerwicklungen hat man es völlig in der Hand, den Motor für jeden gewünschten Drehzahlverlauf zwischen den Kurven N und R der Abb. 13 zu bauen. Die Linie D stellt also nur eine mittlere Linie der möglichen Doppelschlußkurven dar.

Auch ein vorhandener Motor mit Nebenschlußverhalten kann durch Widerstandseinschaltung zu weicherem Arbeiten gebracht werden. Schaltet man vor einen Gleichstrom-Nebenschlußmotor einen Widerstand, so geht in diesem ein um so größerer Teil der Spannung verloren, je höher der Motor belastet ist[1]. Dann bleibt aber für den Motor weniger Spannung verfügbar, und das bewirkt nach Gl. (4a), S. 10, ein Herabgehen der Drehzahl.

Auch der asynchrone Schleifringläufermotor läßt sich in ähnlicher Weise beeinflussen. Nur muß der Widerstand in den Läuferstromkreis, also auch wieder dorthin geschaltet werden, wo der Anlasser liegt. Jeder Widerstandseinschaltung haftet jedoch der Nachteil an, daß in dem Widerstand ein mehr oder minder großer Energiebetrag in Wärme umgesetzt wird, für den Motorbetrieb also verlorengeht. Wir kommen auf die Bedeutung der Widerstandseinschaltung bei der Besprechung der Regelung auf S. 36 ff. noch zurück.

Abschließend sei erwähnt, daß man Gleichstrom-Nebenschlußmotoren auch auf ein fast synchrones Verhalten bringen kann, indem man die Reihenschlußwicklung so anschließt, daß die Stromrichtungen in ihr und in der Nebenschlußwicklung entgegengesetzt sind (sog. Gegen-Reihenschlußwicklung). Jedoch liegt hierin eine Gefahr. Bei starken Belastungen kann die Drehzahlkennlinie ansteigenden Charakter bekommen, so daß je nach dem Verhalten der Arbeitsmaschine ein unstabiler Betrieb und damit ein Durchgehen des ganzen Maschinensatzes möglich ist (vgl. auch S. 75).

2. Änderung von Drehzahl und Verhalten vorhandener Motoren.

Im Betrieb kommt es mitunter vor, daß ein vorhandener und eingebauter Motor den gestellten Forderungen nicht oder nicht mehr entspricht, sei es, weil

---

[1] Man benutzt hierzu den Anlasser, muß ihn aber für Dauereinschaltung bemessen bzw. als „Regelanlasser“ bestellen.

der Arbeitsmaschine nachträglich andere Aufgaben zugewiesen werden müssen, oder weil sich bei einem neuartigen Antrieb zeigt, daß der Bestwert noch nicht erreicht ist, oder aus anderen Gründen. Meist ist in derartigen Fällen eine Änderung des Drehzahlverhaltens oder auch der Drehzahl bei Nennbetrieb erwünscht. Es lohnt sich daher, die hierfür vorhandenen Möglichkeiten zu besprechen.

α) **Änderung der Nenndrehzahl.** Grundsätzlich sind sofort zwei Feststellungen zu machen. Ein Heraufsetzen der Drehzahl um nennenswerte Beträge ist aus mechanischen Gründen nur selten zulässig. Muß es erwogen werden, so kann in der Regel nur der Hersteller sagen, ob die erhöhte Drehzahl von der Maschine ausgehalten wird. Ein Herabsetzen der Drehzahl hat durchweg eine schlechtere Kühlung zur Folge, so daß der Strom in den Motorwicklungen herabgesetzt, Drehmoment und Leistung also erniedrigt werden müssen, um vor zu hoher Erwärmung und damit Beschädigung der Isolationen geschützt zu sein.

Berücksichtigt man diese beiden Punkte, so stehen mehrere Möglichkeiten zur Änderung der Drehzahl zur Verfügung. Zu nennen sind für Gleichstrommotoren hauptsächlich die Spannungsänderung und die Umwicklung. Wie schon im letzten Abschnitt erwähnt wurde, hängt die Drehzahl nach Gl. (4a), S. 10, etwa proportional von der Netzspannung ab. Geht man also beispielsweise von 220 V auf 110 V herunter oder auf 440 V herauf, so ändert sich die Nenndrehzahl etwa auf die Hälfte bzw. das Doppelte. Dabei kann der Strom — abgesehen von den abweichenden Kühlungsverhältnissen — derselbe bleiben, so daß auch die Motor-Nennleistung auf etwa die Hälfte heruntergeht bzw. auf das Doppelte heraufgeht.

Voraussetzung für die Anwendbarkeit dieses sehr einfachen Verfahrens zur Drehzahländerung ist allerdings, daß eine gerade in dem Verhältnis andere Spannung verfügbar ist, in dem man die Drehzahl zu ändern wünscht. Leider ist das nicht oft der Fall. Dann bleibt der Weg einer Umwicklung, d. h. Erneuerung der Ankerwicklung mit anderer Windungszahl und meist auch des Kommutators mit anderer Lamellenzahl. Oft wird auch das Ankerblechpaket auszuwechseln sein, so daß man praktisch einen neuen Anker braucht. Ob man dann nicht besser tut, einen ganz neuen Motor anzuschaffen, kann nur auf Grund einer Kostenrechnung ermittelt werden, zu der der Hersteller des Motors den für eine Umwicklung nötigen Preis angibt.

Bei Gleichstrommotoren kann man zur Drehzahländerung in kleinen Grenzen noch eine Reihenschlußwicklung heranziehen. Die Kurven N und R der Abb. 13 zeigen, daß das Abschalten der Reihenschlußwicklung eine Drehzahlerhöhung, der nachträgliche Einbau eine Drehzahlherabsetzung herbeiführt. Zu beachten ist dabei jedoch, daß damit auch das Drehzahlverhalten geändert wird. Außerdem sei darauf hingewiesen, daß das nachträgliche Einbauen nur möglich ist, wenn auf den Polen noch Platz vorhanden ist, bzw. die Kühlung nicht unzulässig verringert wird.

Auch bei Drehstrommotoren kann die Drehzahl geändert werden. Von den bisher genannten Mitteln steht hier jedoch nur das der Umwicklung zur Verfügung, und zwar muß die Ständerwicklung durch eine solche anderer Polzahl ersetzt werden. Meist ist dabei auch eine Auswechselung des Ständerblechpaketes notwendig, so daß man auch hier in jedem Fall die Änderungskosten gegen die Kosten eines neuen Motors abwägen muß. Gleich- und Drehstrommotoren können in mäßigen Grenzen auch eine Änderung der Drehzahl erfahren, indem man Widerstände einschaltet. Es handelt sich dabei um das auf S. 30 besprochene Verfahren, diesen Motoren ein Doppelschlußverhalten zu geben, wodurch bei praktisch gleicher Leerlaufdrehzahl die Drehzahl bei Last heruntergesetzt wird. Zunächst erhält der Motor hierdurch das oft nicht erwünschte nachgiebige Verhalten der Doppelschlußmaschine. Außerdem ist, wie schon früher erwähnt wurde, jede Widerstandseinschaltung mit Verlusten verbunden, über deren Größe bei der Besprechung der Regelung Näheres gesagt wird.

Abschließend sei darauf hingewiesen, daß die Verwendung von Getrieben praktisch jede Drehzahl herzustellen gestattet. Dabei handelt es sich entgegen allen vorher genannten Lösungen allerdings um keine Änderung der Motordrehzahl selbst. Wenn jedoch ein vorhandener Motor unter anderen Verhältnissen wieder verwendet werden soll, so kann diese Aufgabe durch ein Getriebe immer gelöst werden. Die fast alleinige Voraussetzung ist, daß die Motorleistung ausreicht.

β) **Drehstrommotoren für Drehzahlen über 3000 U/m.** Aus Gl. (5), S. 10, für die Drehfelddrehzahl ergibt sich, daß beim normalen Asynchronmotor keine höhere Drehzahl als 3000 U/m möglich ist, wenn eine Frequenz von 50 Hertz vorliegt. Besonders bei Holzbearbeitungsmaschinen besteht jedoch oft der Wunsch, zu einer höheren Drehzahl zu kommen. Ein Mittel zur Lösung dieser Aufgabe ist der Frequenzumformer, der aus einem normalen Drehstrommotor und einem damit gekuppelten Generator für beispielsweise 100 Hertz besteht. Ein hier angeschlossener zweipoliger Asynchronmotor würde dann mit nahezu 6000 U/m laufen. Bei anderer Frequenz erhält man entsprechend andere Drehzahlen. Der Nachteil einer derartigen Anordnung ist, daß man außer dem eigentlichen Antriebsmotor noch einen besonderen Zwei-Maschinen-Satz zum Umformen braucht. Eine billigere Lösung, die allerdings nur für 6000 U/m brauchbar ist, kann durch Verwendung von Sondermotoren erreicht werden. Beim Doppelkäfigmotor ist zwischen dem Ständer und dem eigentlichen Läufer ein sog. „Zwischenläufer" angeordnet. Dieser läuft gegen den Ständer mit 3000 U/m um und der Läufer hat gegen den Zwischenläufer noch einmal eine Drehzahl von fast 3000 U/m, so daß die Welle sich mit nahezu 6000 U/m dreht. Als letzte Möglichkeit sei hier noch die Doppelspeisung erwähnt, bei der Ständer und Läufer des Asynchronmotors aus dem Netz gespeist werden.

Schwierigkeiten, die sich bei dem Betrieb derartiger Maschinen zunächst ergaben, scheinen jetzt behoben zu sein.

γ) Änderung des Drehzahlverhaltens. Nach den vorangegangenen Erläuterungen bleibt hier nicht mehr viel zu sagen. Wir brauchen nur noch die Verfahren kurz zusammenzustellen, die eine Änderung des Verhaltens bewirken.
Meist handelt es sich darum, den Motor zu einem nachgiebigeren, weicheren
Arbeiten zu bringen. Beim Gleichstrom-Nebenschlußmotor lernten wir hierfür das Aufbringen einer zusätzlichen Reihenschluß-Erregerwicklung und das
Vorschalten von Widerständen kennen. Beides gibt dem Motor ein Doppelschlußverhalten. Bei Drehstrommotoren steht nur die Widerstandseinschaltung im Läuferkreis zur Verfügung. Auch hier sei nochmals auf das Entstehen zusätzlicher Verluste hingewiesen, die den Wirkungsgrad des Antriebes
um so mehr herabzusetzen, je wirksamer der Widerstand ist.

Grundsätzlich kann zur ganzen Frage der Änderung von Drehzahl und Verhalten noch gesagt werden, daß jeder der besprochenen Wege entweder technische oder wirtschaftliche Nachteile zur Folge hat, also den Betrieb ungünstiger gestaltet oder zusätzliche Kosten verursacht. Entspricht also ein irgendwie vorhandener Motor nicht den an ihn zu stellenden neuen Forderungen, so
wird man nach Feststellung etwa möglicher Änderungen am Schluß stets zu
überlegen haben, ob es nicht technisch und wirtschaftlich doch vorteilhafter
ist, einen neuen Motor anzuschaffen und den vorhandenen für etwa auftretende
bessere Verwendungsmöglichkeiten noch zurückzustellen.

c) Drehzahl-Regelung.

Je nach dem Drehzahlverhalten kann ein Motor bei verschiedenen Drehmomenten mehr oder minder verschiedene Drehzahlen haben. Bei gleichbleibendem Moment kommt dem Motor nach unseren bisherigen Betrachtungen jedoch nur eine bestimmte Drehzahl zu. Ist das nicht ausreichend,
so muß der Motor geregelt werden, d. h. es müssen sich bei demselben Moment verschiedene Werte der Drehzahl einstellen lassen. Von einer eigentlichen
Regelung spricht man dabei, wenn innerhalb eines bestimmten Bereichs — des
„Regelbereichs" — praktisch jede Drehzahl möglich ist. Im Gegensatz dazu
stehen die Motoren mit Drehzahlstufen, die nur mit einigen bestimmten Drehzahlen laufen können (R. E. M. 1930, § 17 II).

Grundsätzlich ist jeder Elektromotor regelbar, auch der Synchronmotor,
bei dem sich durch Frequenzänderung ein weiter Regelbereich umspannen läßt.
Verschieden sind bei den einzelnen Motoren jedoch die möglichen Verfahren, die
erforderlichen Einrichtungen und nicht zuletzt die Kosten in Anschaffung und
Betrieb. Die Besprechung dieser Fragen soll sich auf die wichtigsten Motorarten,
die Gleichstrom-, Asynchron- und Wechselstrom-Kommutatormotoren, erstrecken.

1. Regelung der Gleichstrommotoren.

Um die Möglichkeiten einer Drehzahlregelung zu erkennen, gehen wir auf Gl. (4a), S. 10, zurück, die uns für den Gleichstrommotor die Abhängigkeit der Drehzahl von den Betriebsdaten angab. Danach ist die Drehzahl der Klemmenspannung direkt, dem Magnetfluß umgekehrt proportional. Eine Änderung der Drehzahl ist also möglich, indem man entweder die dem Motor zugeführte Spannung U oder den Fluß Φ bzw. den diesen Fluß erzeugenden Erregerstrom i (in Ampere) oder schließlich U und Φ ändert. Von allen diesen Möglichkeiten wird Gebrauch gemacht.

α) Feldschwächung. Am häufigsten kommt die Flußänderung vor, da diese am leichtesten durch eine Änderung des Erregerstromes bewirkt werden kann, der im Vergleich zum Ankerstrom gering ist. Beim Nebenschlußmotor hat man nach Abb. 18 lediglich vor die Erregerwicklung C—D einen regelbaren Widerstand zu schalten, der als „Regler" bezeichnet wird. In dem Schaltzeichen des Reglers in Abb. 18 stellt der von t ausgehende Kreisbogen ähnlich wie beim Anlasser (vgl. Abb.10) den Widerstand, der von s ausgehende Strich die Regelkurbel dar; durch die Breite des sichelförmigen Kreisbogens ist die jeweilige Stromstärke angedeutet, die ja um so kleiner wird, je weiter die Kurbel nach rechts steht. Der kleine Querstrich am Ende gibt an, daß der Regler nicht ausschaltbar ist, in der Endstellung also immer noch ein Strom fließt.

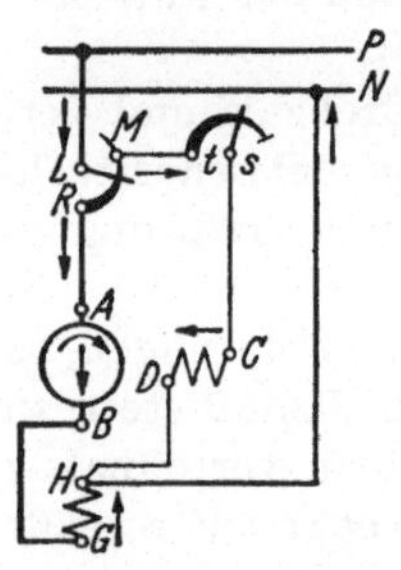
Abb. 18. Schaltbild eines Gleichstrom-Nebenschlußmotors für Rechtslauf mit Anlasser und mit Nebenschlußregler zur Drehzahlregelung.

Ist der Reglerwiderstand kurzgeschlossen (Kurbel in Abb. 18 ganz links), so hat der Erregerstrom und damit der Fluß seinen größten Wert. Der Motor läuft mit der Drehzahl, für die er gebaut ist. Man bezeichnet diese als „Grunddrehzahl". Wenn nun im Regler Widerstand zugeschaltet wird, so nimmt der Erregerstrom und damit der Magnetfluß ab. Wir haben also eine Feldschwächung. Man könnte zunächst zu der Annahme geneigt sein, daß mit abnehmendem Feld auch die Drehzahl abnimmt; die Stellung von Φ im Nenner der Gl. (4a), S. 10, zeigt aber, daß die Drehzahl bei abnehmendem Feld ansteigt. Eine Feldschwächung bewirkt also eine Zunahme der Drehzahl. Die physikalische Erklärung besteht darin, daß die Gegen-EMK E bei einer plötzlichen Feldschwächung nach Gl. (3), S. 9, heruntergeht, und daß damit der Ankerstrom ansteigt und den Motor beschleunigt. Mit dem Ansteigen der Drehzahl geht der Strom dann wieder herunter, und sein Endwert im neuen stabilen Zustand hängt nach Gl. (1), S. 9, von dem neuen Drehmoment M und Magnetfluß Φ ab.

Die Feldschwächung ist also ein recht einfaches Mittel zur Drehzahlregelung. Macht man die Stufenzahl des Reglerwiderstandes groß genug, so kann man jede beliebige Feinheit der Drehzahleinstellung erreichen. Das Verfahren der Feldschwächung ist auch verlustlos und daher wirtschaftlich, denn der Erregerstrom ist, wie schon gesagt wurde, stets verhältnismäßig gering, so daß seine Änderung den Wirkungsgrad nur unmerklich beeinflußt. Abb. 19 zeigt die Regellinien am Beispiel eines 7,5 kW-Motors. Um die Nenndrehzahl 1430 U/m des Motors zu erhalten, muß der Erregerstrom bei Leerlauf 1,33 A, bei Nennstrom 1,00 A betragen; die entsprechenden Erregerströme für die 40% höhere Drehzahl 2000 U/m sind 0,70 A und 0,52 A. Die Kurven sind annähernd Teile von Hyperbeln, weil Drehzahl n und Fluß $\varPhi$ bzw. Erregerstrom i etwa umgekehrt proportional sind.

Würde man den Erregerstrom über die in Abb. 19 eingehaltenen Grenzen hinaus weiter schwächen, so stiege die Drehzahl weiter an. Bei jedem Motor sind es besonders drei Gründe, die die Drehzahl nach oben hin begrenzen. Zunächst kann der Motor bei hohen Feldschwächungen, also kleinen Magnetfeldern, unstabil werden, d. h. er hält keine eindeutige Drehzahl mehr ein (vgl. S. 77). Zweitens wird die Beherrschung der Stromwendung, d. h. das Erreichen eines am Kommutator funkenfreien Laufs, mit zunehmender Drehzahl immer schwieriger. Drittens darf die mechanisch zulässige höchste Drehzahl nicht überschritten werden. Im allgemeinen können Regelbereiche von 1 : 3 bis 1 : 4 ohne Schwierigkeit ausgeführt werden, also z. B. von 750 U/m Grunddrehzahl bis zu 2000 . . . 3000 U/m herauf. Keinesfalls darf aber bei einem vorhandenen Motor die vom Erbauer zugelassene höchste Drehzahl überschritten werden.

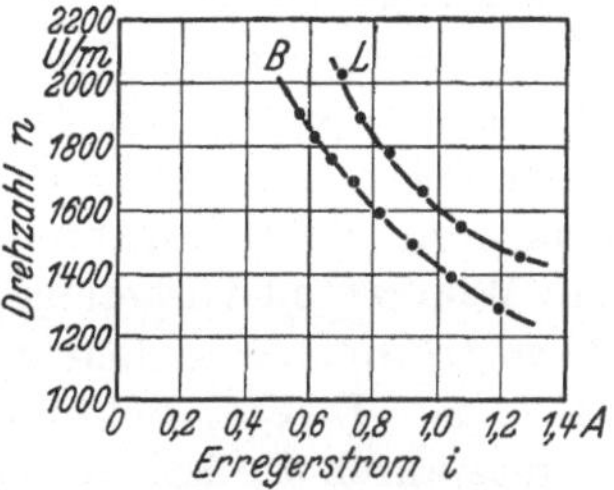

Abb. 19. Regellinien eines 7,5 kW-Nebenschlußmotors 220 V, 41 A, 1430 U/m bei Leerlauf (L) und Belastung mit dem Nennstrom von 41 A (B).

Diese Feststellung zeigt uns sofort eine Gefahr bzw. Betriebsvorschrift auf: würde der Erregerstrom ganz unterbrochen, so kann der Motor zu recht hohen, meist den Motor zerstörenden Drehzahlen hinauflaufen, er „geht durch", ähnlich wie es der Reihenschlußmotor bei Entlastung tut. Derartiges kann beispielsweise vorkommen, wenn versehentlich die Erregerwicklung allein abgeschaltet wird, oder wenn im Erregerkreis ein Leiterbruch entsteht. Die Erregerwicklung sollte also keinen eigenen Schalter und auch keine eigenen Sicherungen erhalten. Hauptschalter und Hauptsicherungen, die dann auch den Ankerstrom mit unterbrechen und damit den ganzen Motor abschalten und stillsetzen, müssen genügen. Außerdem dürfen Motoren keine ausschaltbaren Regler erhalten, wie sie bei Generatoren gebräuchlich sind. Auf dem letzten Reglerkontakt darf der Motor im Leerlauf gerade seine höchstzulässige Drehzahl haben.

3*

Allein gegen Leiterbruch gibt es keine unbedingt zuverlässige Sicherheit. Trotzdem führt ein derartiges Vorkommnis höchst selten zu einem zerstörenden Durchgehen des Motors. Wir erwähnten bereits, daß eine Feldschwächung sofort ein Heraufgehen des Ankerstromes zur Folge hat. Wird der Erregerstrom nun ganz abgeschaltet, das Feld also fast auf Null geschwächt, so nimmt der Strom derartig zu, daß die Hauptsicherungen des Motors abschmelzen, sofern sie nur einigermaßen richtig bemessen sind. Die Sicherungen (bzw. Motorschutzschalter) stellen also gewissermaßen das „Sicherheitsventil" auch gegen ein Durchgehen dar.

Die Besprechung berücksichtigt bisher allein den Nebenschlußmotor. Ebenso verhalten sich fremderregte und Doppelschlußmotoren, bei denen der Regler auch vor die Nebenschlußwicklung C—D geschaltet wird (Abb. 10c). Beim Reihenschlußmotor darf zum Zwecke der Feldschwächung kein Widerstand vorgeschaltet werden, da dieser auch den Ankerstrom herabsetzen würde. Man sieht hier — z. B. bei Bahnmotoren — Parallel-Widerstände zur Erregerwicklung E—F vor. Dann fließt nur ein Teil des Motorstromes durch die Erregerwicklung, so daß lediglich das Feld geschwächt wird. Die Größe der Feldschwächung richtet sich auch hier nach der Größe des zugeschalteten Widerstandes; je kleiner dieser ist, desto mehr Strom fließt durch ihn, wird also der Erregung fortgenommen; um so mehr steigt mithin die Drehzahl an. Gefährlich würde hier also nicht ein Unterbrechen, sondern ein Kurzschließen der Erregerwicklung sein, weil diese dann stromlos würde.

β) Veränderung der Spannung. Als zweite Möglichkeit zur Drehzahlregelung nannten wir die Änderung der dem Motor zugeführten Spannung. Während die Feldschwächung die Drehzahl erhöht, wird die Drehzahl bei der Spannungsregelung herabgesetzt. Am einfachsten wird das dadurch erreicht, daß man dem Anker einen Widerstand vorschaltet, der als „Regelanlasser" bezeichnet und wie die Anlasser in Abb. 10 geschaltet wird. Der zum Anker fließende Strom I verursacht dann in diesem Widerstand R einen Spannungsverbrauch IR, so daß am Motor nur ein Bruchteil

$$U = U_N - IR \qquad (12)$$

von der Netzspannung U_N übrigbleibt. Je nach der Größe des vorgeschalteten Widerstandes kann man also die Motorspannung U und damit auch die Drehzahl n beliebig weit heruntersetzen. Da die Größe des Spannungsverbrauchs im Widerstand aber noch vom jeweiligen Strom I abhängt, beeinflußt auch dieser die Drehzahl um so mehr, je größer R ist. Ein Nebenschlußverhalten ändert sich daher in das Doppelschlußverhalten, wie schon auf S. 33 gezeigt wurde.

So einfach dieses Verfahren ist, so nachteilig wirkt es sich in wirtschaftlicher Beziehung aus. Wie in jedem Widerstand wird auch im Regelanlasser eine Leistung I^2R in Wärme umgesetzt, geht also für den Motorbetrieb verloren. Die Größe dieser Verlustleistung beträgt ebensoviel Prozent von der ganzen dem Netz entnommenen Leistung, wie der Spannungsverbrauch im Regelanlasser von der Netzspannung ausmacht. Eine Drehzahlregelung auf 75, 50 oder 25% der Grunddrehzahl hat also einen zusätzlichen Verlust von etwa 25, 50 bzw. 75% zur Folge. Ein Motor mit beispielsweise 85% Wirkungsgrad bei voller Grunddrehzahl würde bei einer auf die Hälfte herabgeregelten Drehzahl nur mehr etwa 40 bis 45% Wirkungsgrad haben. Dieser Energievergeudung wegen kann man Regelanlasser nur bei verhältnismäßig kleinen Antrieben oder dort verwenden, wo ein weitgehendes Herabregeln nur selten vorkommt.

Im Gegensatz zur Widerstandseinschaltung ermöglicht das Leonardverfahren eine wirtschaftliche Regelung in weiten Grenzen. Es besteht darin, daß man zur Speisung des zu regelnden Motors einen besonderen, sog. „Steuer-Generator" aufstellt, der seinerseits von einem beliebigen Motor angetrieben wird. Abb. 20 zeigt die Schaltung mit Dr als Drehstrom-Antriebsmotor, St als Steuergenerator und RM als Regelmotor. Die Erregung erfolgt hier als Fremderregung aus einem besonderen Gleichstromnetz P—N. Durch die Feldänderung im Generator wird dessen abgegebene

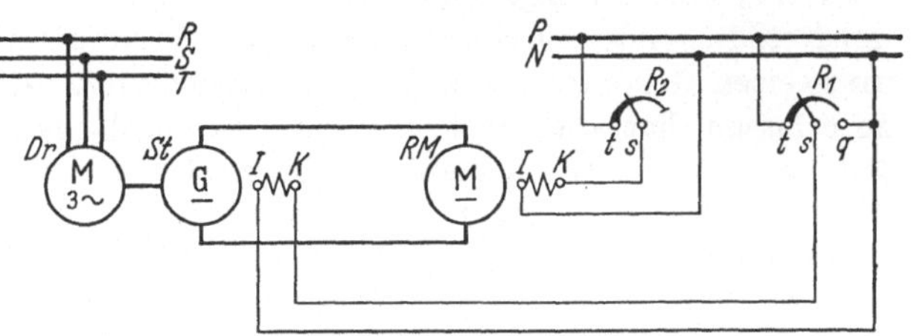

Abb. 20. Leonardschaltung mit Drehstrom-Antriebsmotor *Dr*, mit Feldregelung im Steuergenerator *St* und Regelmotor *RM* mittels der Regler R_1 und R_2. *I, K* Erregerklemmen für Fremderregung.

Spannung mittels des Reglers R_1 von praktisch Null auf den vollen Wert heraufgeregelt; diese Spannung wird dem Motor unmittelbar zugeführt. Außerdem ist noch der Motorregler R_2 für eine Feldschwächung und damit eine weitergehende Drehzahlregelung über die Grunddrehzahl hinaus vorgesehen. Der große Nachteil des Leonardverfahrens ist die Notwendigkeit eines eigenen Umformers Dr—St für jeden Motor bzw. jede gemeinsam zu regelnde Motorengruppe. Dafür steht aber ein Regelbereich zur Verfügung, der alle praktisch auftretenden Wünsche zu erfüllen vermag. Man erreicht bei Zuhilfenahme der Feldschwächung und durch Anwendung einiger besonderer Maßnahmen an den Maschinen Regelbereiche bis zu mehr als 1 : 300. Anwendung findet die Leonardschaltung besonders bei Walzenstraßen, Hauptschachtfördermaschinen und anderen Hebezeugen, ferner bei Papiermaschinen, Rudermaschinen und ähnlichen Antrieben.

Dem Leonardverfahren sehr ähnlich ist das Regeln mittels gittergesteuerter Gleichrichter. Diese erst in den letzten Jahren durchgebildeten Geräte erfüllen eigentlich dieselben Aufgaben wie der Steuerumformer. Der Drehstrom wird in Quecksilber-Dampfgefäßen durch die Ventilwirkung der glühenden Kathode in Gleichstrom umgewandelt. Durch eine dem Gitter der Funkröhren entsprechende Anordnung kann die abgegebene Gleichspannung von Null bis zum vollen Wert durchgeregelt, „gesteuert" werden. Die Vorteile des Steuer-Gleichrichters haben den Steuer-Umformer bereits an vielen Stellen verdrängen können.

Ebenfalls der Leonardschaltung ähnlich ist das Regelungsverfahren durch Zu- und Gegenschaltung. Hierbei liegt der zu regelnde Motor mit einer meist gleich großen „Zusatzmaschine" in Reihe an der Netzspannung U. Je nachdem man nach oben oder unten regeln will, wird in der Zusatzmaschine eine der Netzspannung U gleich oder entgegengerichtete Zusatzspannung U_z erzeugt, so daß der Regelmotor durch Verändern von U_z im ganzen Bereich $U \pm U_z$ gefahren werden kann. Bei positivem U_z arbeitet die Zusatzmaschine als Generator, bei negativem U_z als Motor. Dementsprechend ist die ebenfalls am Netz liegende Antriebsmaschine der Zusatzmaschine im ersten Fall Motor, im zweiten Generator. Das Verfahren ermöglicht es, einen großen Regelbereich zu erfassen, hat aber ebenso wie die Leonardschaltung den Nachteil, daß ein Hilfsmaschinensatz vorhanden sein muß.

Außer diesen häufiger vorkommenden Regelverfahren gibt es noch einige seltener benutzte Lösungen. Sind mehrere Spannungen verfügbar (z. B. Dreileiternetz mit 2×220 V), so können durch Anschließen an die verschiedenen Spannungen entsprechend viele Drehzahlen eingestellt werden, die sich wieder etwa wie die Spannungen verhalten. Mitunter hat man auch Mehrspannungsnetze allein zu diesem Zweck der Drehzahlregelung geschaffen. Genannt sei das Fünfleiternetz mit den Teilspannungen 50, 150, 150, 100 V; durch Kombination können alle Spannungen zwischen 50 und 450 V in Stufen von 50 zu 50 V hergestellt werden, so daß man 9 Drehzahlstufen erhält (Anwendung bei Zeugdruckmaschinen). Ein ähnliches Verfahren ist auch an einer Netzspannung möglich, wenn der Antrieb mehrere gleiche Motoren hat. Bei Reihenschaltung von beispielsweise 2 Motoren erhält jeder die halbe Netzspannung, entsprechend halber Drehzahl; bei Parallelschaltung liegen beide Motoren an der vollen Spannung, so daß sie mit voller Drehzahl laufen (Anwendung z. B. bei Straßenbahnen und Schnellbahnen, vgl. Abb. 84). Beide Verfahren ergeben zwar keine eigentliche Regelung, sondern nur eine Einstellmöglichkeit mehrerer Einzeldrehzahlen. Jedoch gestatten sie diese Drehzahl-Herabsetzungen ohne die Energieverluste des Regelanlassers und ohne die hohen Anlagekosten eines Leonardumformers, gittergesteuerten Gleichrichters oder eines Maschinensatzes für Zu- und Gegenschaltung.

Zur vollständigen Beurteilung eines jeden Regelantriebes ist noch die Kenntnis der Leistungen und Drehmomente wichtig, die der Motor bei anderen Dreh-

zahlen als der Grunddrehzahl herzugeben vermag. Dabei kann man näherungs-
weise davon ausgehen, daß die Stromstärke nirgends den Nennwert überschreiten darf. In Wirklichkeit muß man bei kleineren Drehzahlen sogar aus Gründen
der Erwärmung mit der Stromstärke heruntergehen, wie schon einmal gesagt
wurde. Wird diese Strom-Herabsetzung, die eine Erniedrigung von Drehmoment und Leistung zur Folge hat, unberücksichtigt gelassen, so ergeben sich
die Kurven der Abb. 21. Im Bereich der Feldschwächung liegt der Motor
ständig an der vollen Netzspannung, so daß auch das Produkt UI, also die Leistung praktisch konstant ist. Das Dreh-
moment nimmt hingegen etwa hyper-
bolisch ab; die Begründung ergibt sich
sowohl nach Gl. (2a) aus der steigenden
Drehzahl als auch aus Gl. (1) aus dem
bei der Feldschwächung abnehmenden
Fluß. Im Bereich der Spannungsregelung liegen die Verhältnisse gerade
umgekehrt. Da Strom und Fluß hier
nahezu gleich bleiben können, ist nach
Gl. (1) auch das Moment konstant. Die
abgebbare Motorleistung geht hingegen
der abnehmenden Drehzahl und Spannung wegen linear herunter.

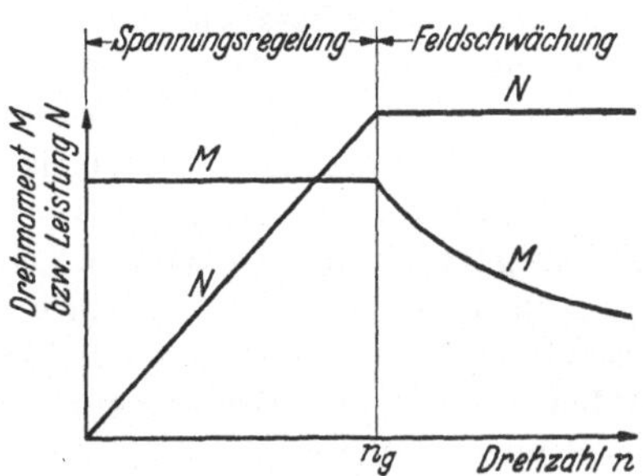

Abb. 21. Leistung und Drehmoment eines
Gleichstrommotors bei konstanter Ankerstrom-
stärke. Regelung oberhalb und unterhalb
der Grunddrehzahl n_g.

Die beiden Regelungsarten „Feldschwächung“ und „Spannungsregelung“
können gut mit den Möglichkeiten der Regelung von Brennkraftmaschinen
verglichen werden. Bei der Brennstoffregelung dort ist ebenso wie
bei der Spannungsregelung hier eine mehr oder minder starke Abnahme der
Leistung festzustellen. Andererseits ergibt eine Verwendung von Regel-
getrieben bei konstanter Motorleistung und Motordrehzahl eine Veränderung von Drehzahl und Moment hinter dem Getriebe und entspricht daher
unserer Feldschwächung.

Die Linien der Abb. 21 haben bedeutsame Folgerungen. Wird im Regelbereich gleichbleibende Leistung verlangt, so wählt man am zweckmäßigsten
die niedrigste Drehzahl als Gunddrehzahl und regelt durch Feldschwächung;
anderenfalls würde der Motor bei jeder anderen als der niedrigsten Drehzahl
nicht ausgenutzt sein. Ist hingegen konstantes Drehmoment erfoderlich, so
ergibt sich die beste Ausnutzung des Motors im Regelbereich der Spannungsänderung. Nicht immer wird man jedoch diesen Gesichtspunkt allein berücksichtigen können. Bei großen Regelbereichen kommt man mit der Feldschwächung allein nicht aus; andererseits erfordert die Spannungsregelung einen
erheblichen Mehraufwand an Anlagekapital (Leonardumformer, Gleichrichter)
oder an Betriebskosten (Verluste im Regelanlasser). Besonders bei größeren

Antrieben wird weiter zu erwägen sein, ob man das Arbeitspiel nicht auf die Linien der Abb. 21 derart einstellen kann, daß der Motor überall möglichst weitgehend ausgenutzt wird (Anwendung z. B. bei Kehrwalzenstraßen).

γ) **Änderung der Drehrichtung.** Eine nicht unmittelbar zur Drehzahlregelung gehörende, aber doch eng mit ihr zusammenhängende Frage ist die der Drehrichtungs-Änderung. Diese kann sich bei der ersten Inbetriebsetzung eines Motors einmalig als notwendig erweisen, oder sie kann auch dauernd betriebsmäßig verlangt werden (z. B. bei Hobelmaschinen). Die Richtungsregeln des Kraftgesetzes besagen, daß die Bewegungsrichtung bzw. Drehrichtung von der Richtung 1. des Magnetflusses und 2. des Leiterstromes (Ankerstromes) abhängt. Kehrt man eine von diesen beiden um, so wechselt die Drehrichtung; wendet man beide, so bleibt die Drehrichtung erhalten. Hieraus ergeben sich sofort die beiden Wege zur Drehrichtungsänderung: Umschaltung der Erregerwicklung C—D bzw. E—F oder des Ankers A—B (vgl. Abb. 84 mit Abb. 10 b). Wird die Erregung umgepolt, so müssen bei Doppelschlußmaschinen dann beide Erregerwicklungen umgeklemmt werden. Entsprechend ist bei einer Anker-Umschaltung notwendig, auch die Wendepolwicklungen G—H mit umzulegen.

Besonders betont sei noch, daß der Motor beim Umpolen von Anker- und Erregerwicklung, also z. B. bei einem einfachen Vertauschen der Netzanschlüsse des ganzen Motors, dieselbe Drehrichtung behält. Hierauf beruht die Tatsache, daß der Reihenschlußmotor als Universalmotor an Gleich- und Wechselstrom verwendet werden kann. In jeder Halbperiode sind die Stromrichtungeu in Erreger- und Ankerwicklung anders, so daß die Drehrichtung stets gleich bleibt. Auch der für Wechselstrom besonders im Fernbahnbetrieb benutzte Einphasen-Reihenschlußmotor verdankt sein Bestehen derselben Erscheinung.

2. Regelung der Asynchronmotoren.

Gegenüber den vielseitigen Regelmöglichkeiten der Gleichstrommotoren ist der Drehstrom-Asynchronmotor recht schlecht regelbar. Die Ursache dafür ist das Bestehen des Drehfeldes, das nun einmal die durch Gl. (5) festliegende und allein von Frequenz und Polzahl abhängige Drehzahl hat. Beide lassen sich aber nur mit erheblichem Kostenaufwand ändern. Ein Verfahren, das der feinstufigen und verlustfreien Feldschwächung der Gleichstrommotoren entsprechen würde, gibt es bei Drehstrommotoren nicht. Ebenso ist keine Drehzahlregelung durch Ändern der zugeführten Spannung möglich. Es sind jedoch mehrere andere Lösungen durchgebildet worden, mit denen man sich dort helfen muß, wo nur Drehstrom zur Verfügung steht und ein Übergang auf Gleichstrom durch Gleichrichtung oder anderes nicht möglich oder nicht wirtschaftlich genug ist.

α) Widerstandseinschaltung (Schlupfregelung). Ebenso wie beim Gleichstrommotor ist auch beim Drehstrom-Schleifringläufermotor eine Widerstandseinschaltung möglich. Diese darf jedoch nicht zwischen Netz und Ständerwicklung vorgenommen werden, denn eine Spannungsherabsetzung an den Motorklemmen hat ja keine Änderung der Drehfeld-Drehzahl zur Folge. Man schaltet den Widerstand vielmehr im Läufer ein und vergrößert dadurch den Schlupf des Motors. Die Schaltung entspricht der des Anlassers in Abb. 11a, weshalb derartige Widerstände auch hier als Regelanlasser bezeichnet werden. Um die Notwendigkeit eines Schlupfanstiegs bei Widerstandsvergrößerung zu erkennen, gehen wir auf die Wirkungsweise des Asynchronmotors zurück, die auf S. 26 beschrieben wurde. Der Schlupf kam dadurch zustande, daß nur bei schlüpfendem Läufer eine Spannung erzeugt wird, die den für das Drehmoment erforderlichen Strom hervorruft. Schaltet man in den Läuferkreis nun einen zusätzlichen Widerstand ein, so wird bei gleicher Spannung der Strom niedriger, so daß der Motor das bisherige Moment nicht mehr abgeben kann. Die Drehzahl fällt also ab. Damit schneiden die Läuferstäbe aber das Feld schneller, die Spannung und der Strom im Läufer steigen, so daß das alte Drehmoment bald wieder hergegeben werden kann. Einer Widerstandseinschaltung entspricht also eine Schlupfvergrößerung. Dabei

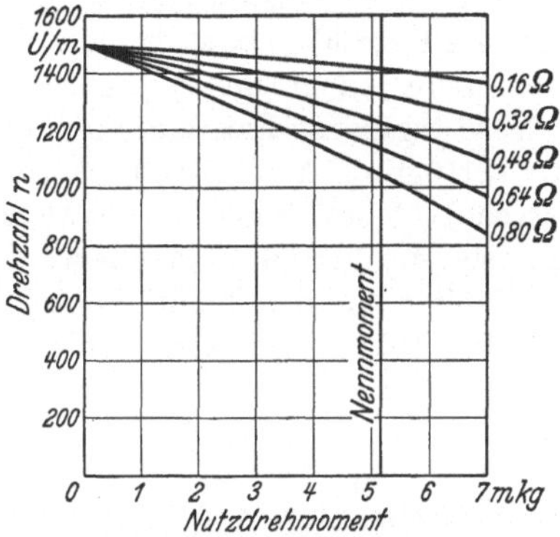

Abb. 22. Drehzahllinien eines asynchronen Drehstrom-Schleifringläufermotors 7,5 kW, 380 V, 1420 U/m bei Regelung durch Läuferwiderstand (Ohmwerte von Läuferwicklung und Regelanlasser zusammen je Phase).

sind Widerstand des ganzen Läuferkreises und Schlupf einander etwa proportional. Abb. 22 zeigt die Drehzahlkennlinien eines derartig geregelten Schleifringläufermotors am Beispiel einer bestimmten Ausführung. Die oberste Linie gibt das „normale" Drehzahlverhalten bei kurzgeschlossenem Läufer wieder.

Bei der Widerstandsregelung des Drehstrommotors treten dieselben Erscheinungen wie beim Gleichstrommotor auf: das Verhalten des Motors wird weicher und der Wirkungsgrad nimmt mit steigenden Widerstandsverlusten ab. Gegenüber der allen Kurven praktisch gemeinsamen Leerlaufdrehzahl von 1500 U/m beträgt die Drehzahländerung in Abb. 22 zwischen Nennmoment und Leerlauf bei kurzgeschlossenem Läufer, also ungeregeltem Motor, 1500 — 1410 = 90 U/m oder 6%. Bei der untersten Linie stärkster Regelung haben wir hingegen eine Drehzahländerung von 30%. Drehzahl und Wirkungsgrad sind hierbei einander ungefähr proportional. Während die Veränderung des

Drehzahlverhaltens wenigstens nicht immer nachteilig ist (z. B. bei Antrieb von Schwungrädern), macht das Auftreten der Widerstandsverluste den Motor jedenfalls unwirtschaftlicher. Anwendung findet die Schlupfregelung daher allein bei kleineren Motoren oder dort, wo ein Herabregeln nur kurzzeitig oder nur in geringen Grenzen erforderlich ist.

β) **Polumschaltung.** Die Widerstandseinschaltung beeinflußte nicht das Drehfeld, sondern die Relativgeschwindigkeit zwischen Drehfeld und Läufer. Wir kommen jetzt zu den Verfahren, die Änderungen der Drehfeld-Drehzahl selbst benutzen. Grundsätzlich kann man nach Gl. (5) die Polzahl oder die Frequenz verändern. Beides findet Anwendung. Zunächst erscheint eine Änderung der Polzahl schwierig, da im allgemeinen jeder Motor für eine bestimmte Polzahl gebaut ist und eine entsprechende Anordnung der Spulen hat. Sieht man jedoch mehrere getrennte Wicklungen vor, deren jede eine andere Polzahl ergibt, so hat man auch entsprechend viele Drehzahlen des Drehfeldes zur Verfügung. Maßgebend ist allein, welche Wicklung man einschaltet. Statt getrennte Wicklungen zu verwenden, können auch die Teile derselben Wicklung so umschaltbar gemacht werden, daß sich verschiedene Polzahlen ergeben. Schließlich können beide Verfahren vereinigt werden.

Ausgeführt werden zwei bis sechs Drehzahlstufen, so daß polumschaltbare Motoren keine eigentlichen Regel-Motore sind. Möglich sind nur die synchronen Drehzahlen bzw. die zugehörigen asynchronen. Besonders finden Anwendung die Polzahlen 8/4, 4/2, 8/4/2, 8/6/4 und 12/8/6/4 mit den bei 50 Hz zugehörigen Drehzahlen 750/1500, 1500/3000, 750/1500/3000, 750/1000/1500 und 500/750/1000/1500 U/m. Der polumschaltbare Motor ist stets teurer als der einfache. Entweder erfordert die mehrfache Wicklung einen größeren Ständer, oder es wirken die für die Wicklungsumschaltung notwendigen Hilfsgeräte usw. verteuernd. Trotzdem finden diese Motoren besonders bei Werkzeugmaschinenantrieben häufig Anwendung, allerdings fast nur als Kurzschlußläufermotoren, da beim Schleifringläufer auch der Läufer umgeschaltet werden muß.

γ) **Frequenzregelung.** Auch die Frequenz, die zweite das Drehfeld bestimmende Größe, kann zur Drehzahlregelung herangezogen werden. Voraussetzung ist jedoch, daß die Frequenz geändert werden kann. Dazu muß der zu regelnde Motor entweder ähnlich wie bei der Leonardschaltung aus einem besonderen Generator gespeist werden, dessen Frequenz von seiner Drehzahl abhängt, oder man verwendet Schleifringläufer-Maschinen, die aus ihrem Läufer einen Strom höherer Frequenz abgeben, wenn man sie entgegen dem Drehfeld antreibt. Zur Drehzahlregelung des Antriebsmotors ist also eine ebensolche Drehzahlregelung des Steuerumformers erforderlich. Der Anwendungsbereich ist daher recht beschränkt. Besondere Vorteile ergeben sich, wenn mehrere Motoren gleichmäßig geregelt werden sollen, z. B. bei in Saalgruppen zusammengefaßten Spinnmaschinen, und bei der Erzeugung regelbarer Drehzahlen oberhalb von 3000 U/m (Holzfräsmaschinen, Spinnzentrifugen).

Die Frequenzregelung ist auch das einzige Mittel zur Drehzahlregelung von Synchronmotoren. Anwendung wird hiervon jedoch kaum gemacht.

Erwähnenswert ist hier schließlich noch die Kaskadenschaltung, bei der zwei kurzgekuppelte, asynchrone Schleifringläufermotoren gleicher Polzahl verwendet werden. Der erste Motor ist in üblicher Weise mit seinem Ständer an das Netz geschlossen. Der zweite Ständer wird jedoch aus dem Läufer des ersten gespeist. Der zweite Läufer ist schließlich erst kurz- bzw. über den Anlasser geschlossen. Nach dem Anfahren spielt sich der Betrieb so ein, daß der Schlupf des ersten, mit Netzfrequenz gespeisten Motors etwa 50% beträgt, während der zweite Motor nur die halbe Frequenz erhält. In Kaskadenschaltung läuft der Maschinensatz also mit nahezu der Hälfte der aus Gl. (5) sich ergebenden Drehzahl. Schaltet man jedoch beide Motoren parallel an das Netz, so hat man die volle Drehzahl, so daß eine Kaskade die Herstellung von Drehzahlstufen im Verhältnis 1 : 2 gestattet (Anwendung gelegentlich bei größeren Antrieben).

Die geringe Wirtschaftlichkeit der Schlupfregelung einerseits und die Tatsache, daß man bei der Polumschaltung und Kaskadenschaltung immer nur wenige Stufen einstellen kann, hat andererseits dazu geführt, die Schlupfregelung mit einer der beiden letztgenannten Stufenregelungen oder auch sogar mit beiden zu verbinden. Besonders bei größeren Regelbereichen wird der Wirkungsgrad dann in den einzelnen Gebieten der Schlupfregelung nur mäßig herabgesetzt.

δ) **Regelsätze.** Nur kurz erwähnt seien die Regelsätze, die besonders bei Antrieben größerer Leistung eine Rolle spielen. Sie werden an die Läufer-Schleifringe des zu regelnden Motors angeschlossen und haben die Aufgabe, die bei der einfachen Widerstandsregelung verloren gehende Energie nutzbar zu machen. Man erreicht dieses in Drehstrom-Kommutatormaschinen oder auch über Drehstrom-Gleichstrom-Umformer (besonders Einankerumformer), die aus dem Läufer des Hauptmotors gespeist werden. Die Energie wird dann entweder an das Netz zurückgegeben oder von einem „Hinter"-Motor der Welle des Hauptmotors zugeführt. Gegenüber der Widerstandseinschaltung hat die Schlupfregelung mit Regelsätzen 3 wesentliche Vorteile: die Regelung erfolgt wirtschaftlich, das Nebenschlußverhalten des asynchronen Hauptmotors bleibt erhalten und es ist ein Betrieb mit gutem Leistungsfaktor möglich[1].

ε) **Änderung der Drehrichtung.** Da der Läufer des Drehstrommotors dem Drehfeld nachläuft, muß zur Drehrichtungsumkehr das Drehfeld anders herum

---

[1] Näheres über diese Maschinen und ihre verschiedenen Möglichkeiten s. Moeller-Werr, Elektrotechnik, Bd. 2, Gleich- und Wechselstrommaschinen. Leipzig und Berlin 1935.

laufen. Hierzu sind zwei der drei Netzanschlüsse des Ständers zu vertauschen. Die Reihenfolge ist dann nicht mehr U, V, W, sondern von den Netzklemmen R, S, T aus gesehen etwa U, W, V, wenn V und W vertauscht werden (Abb. 11a). Drehrichtungsumschalter führen eine derartige Umpolung durch. Die Phasenvertauschung ist nur am Ständer erforderlich; der Läufer braucht nicht umgeschaltet zu werden.

3. Regelung der Kommutatormotoren.

α) **Drehstrommotoren.** Wie schon mehrfach betont wurde, ist die hier besprochene schlechte Regelmöglichkeit des Asynchronmotors der Grund für die Verwendung von Drehstrom-Kommutatormotoren. Sie finden daher ausschließlich dort Anwendung, wo eine mehr oder minder feinstufige Regelung in einem gewissen Bereich verlangt wird. Meist ist dabei ein Nebenschlußverhalten erwünscht. Wo das Reihenverschlußverhalten jedoch erträglich ist, benutzt man auch den billigeren Reihenschlußmotor. Er hat sich besonders bei Spinnereiantrieben eingeführt, während Kommutator-Nebenschlußmotoren vorwiegend an größeren Werkzeugmaschinen und in Druckereibetrieben verwendet werden.

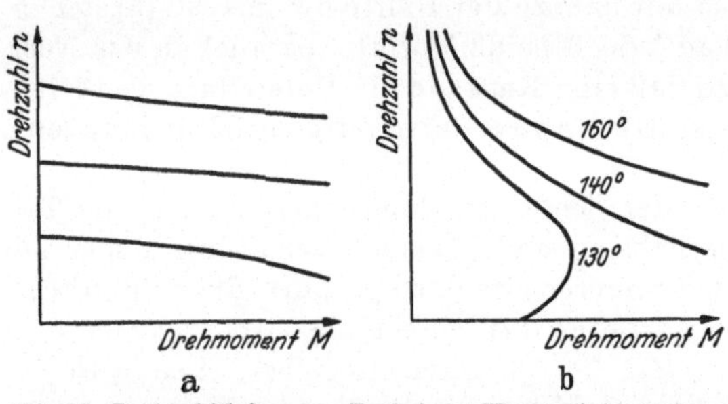

Abb. 23. Drehzahllinien von Drehstrom-Kommutatormotoren mit Nebenschlußverhalten (a) und Reihenschlußverhalten (b).

Abb. 23 zeigt die Regellinien von Nebenschluß- und Reihenschlußmotor. Bei beiden bleibt das Verhalten im Regelbereich bestehen, die Motoren arbeiten also in allen Stufen annähernd gleich. Beim Reihenschlußmotor sind die unteren Regellinien nicht mehr stabil, so daß nur ein mäßig großer Regelbereich ausgenutzt werden kann. Demgegenüber ist die Regelbarkeit des Nebenschlußmotors vorzüglich.

Erreicht wird die Einstellung verschiedener Drehzahlen beim Reihenschlußmotor durch Verschiebung der Bürsten. Die Gradangaben der Abb. 23b entsprechen diesen Winkeln bei einem Motor mit drei Bürsten. Der Regelbereich läßt sich durch Vorsehen eines doppelten Bürstensatzes mit insgesamt sechs Bürsten verbessern, von denen drei verschiebbar sind. Das Anlaufmoment kann bis etwa zum doppelten des Nennmomentes betragen; Drehzahlregelung ist bis etwa 1 : 3 möglich.

Beim Nebenschlußmotor unterscheidet man zwischen Ständerspeisung und Läuferspeisung. Bei der Ständerspeisung sind Läufer und Ständer an das Netz angeschlossen; der Läufer erhält seine Spannung meist über einen

Regeltransformator, dessen jeweilige Stellung die Drehzahl bestimmt. Bei der Läuferspeisung erfolgt der Netzanschluß an den Schleifringen des Läufers, der aus einer zweiten Wicklung und über einen Kommutator den Ständer speist. Die Höhe der Drehzahl hängt ähnlich wie beim Reihenschlußmotor von der gegenseitigen Stellung der hier vorhandenen beiden Bürstensätze ab. Der normale Regelbereich des Nebenschlußmotors umfaßt 1 : 3, nämlich $\pm\,50\%$ der synchronen Drehzahl. Ein Motor mit 1500 U/m synchron (d. h. in 4poliger Ausführung an 50 Hz) würde danach zwischen etwa 750 und 2250 U/m, ein Motor mit 1000 U/m synchron zwischen 500 und 1500 U/m geregelt werden können.

Aus den kurzen Angaben geht hervor, daß Drehstrom-Kommutatormotoren einen verhältnismäßig komplizierten Aufbau mit zusätzlichen Regeleinrichtungen erfordern. Daher kosten sie von allen Elektromotoren am meisten, wie schon die früher angegebenen Preise zeigten (S. 19).

β) **Einphasenmotoren.** Muß der Universalmotor geregelt werden, so ist die Vorschaltung von Widerstand ebenso wie beim Gleichstrommotor das einfachste Verfahren. Wegen der Kleinheit der Leistung aller Universalmotoren spielen die dabei auftretenden zusätzlichen Verluste keine nennenswerte Rolle, zumal der Wirkungsgrad dieser Motoren ohnehin recht niedrig ist.

Anders liegen die Verhältnisse bei größeren Einphasen-Reihenschluß-motoren, beispielsweise auf Lokomotiven. Hier muß man Energie sparen. Das Verfahren ergibt sich sofort aus der Tatsache, daß die hohe Fahrdraht-spannung auf einen niedrigen, für die Motoren brauchbaren Wert heruntergesetzt werden muß, so daß man auf der Lokomotive ohnehin einen Transformator braucht. Anzapfungen an der Sekundärwicklung gestatten, dem Motor verschieden große Teilspannungen zu geben, bei denen er dann ebenso wie jeder Gleichstrommotor verschiedene Betriebsdrehzahlen hat. Gleichzeitig werden diese Anzapfungen auch zum Anfahren benutzt, wie S. 57 beschrieben wird.

d) Anlauf und Stillsetzen der Motoren.

Aus zwei Gründen bedarf der Anfahrvorgang bei Elektromotoren einer besonderen Betrachtung: einmal verlangt die Arbeitsmaschine ein bestimmtes Anlaufmoment, um überhaupt in Gang zu kommen; zum anderen ist es aus verschiedenen, besonders elektrischen Gründen erwünscht, daß der beim Anfahren aufgenommene Strom den normalen Strom nicht zu sehr übersteigt. Beide Forderungen stören sich bei Gleichstrommotoren besonders dann, wenn zum Anlaufen ein höheres als das normale Dauermoment erforderlich ist. Der Grund hierfür geht sofort aus Gl. (1) hervor, nach der das Moment unmittelbar durch den Strom bestimmt ist.

Auch das Stillsetzen der Elektromotoren bedarf mitunter besonderer Maß-

nahmen. Hier sind vor allem die Fälle zu nennen, in denen zum schnellen An
halten eine Bremsung vorgesehen werden muß oder in denen bei Überlastungen
mit Rücksicht auf Arbeitsmaschine oder Motor ein sofortiges Abschalten notwendig ist. Wir besprechen nacheinander die verschiedenen Anlaßverfahren
(Grobschalten, Anlassen mit Anlasser und mit Sondereinrichtungen), ferner
die Bremsung und den Überstromschutz.

1. Anlassen durch Grobschaltung.

Unter Grobanlassen versteht man das Anfahren eines Motors durch un-
mittelbares Einschalten an voller Netzspannung ohne jedes besondere Hilfsmittel wie Anlasser od. dgl. Die Grobschaltung ist damit das einfachste Anlaßverfahren, das bei Gleichstrommotoren bis zu einigen hundert Watt und bei
Drehstrommotoren bis zu einigen Kilowatt fast ausschließlich benutzt wird.
Ihr Hauptnachteil ist der verhältnismäßig hohe und stoßweise auftretende Anfahrstrom, der durch den von ihm hervorgerufenen stärkeren Spannungsabfall in
den Leitungen ein vorübergehendes Absinken der Netzspannung zur Folge hat.
Zum einwandfreien Betrieb besonders der Glühlampen, aber auch der Motoren
ist jedoch eine möglichst konstante Netzspannung erforderlich, so daß
größere Motoren nicht grobgeschaltet werden dürfen. Was man dabei unter
einem „größeren" Motor zu verstehen hat, hängt einerseits von dem Verhältnis Einschaltspitzenstrom zu Nennstrom des Motors, andererseits von der
Größe des Netzes bzw. seinen Leitungsquerschnitten ab. Über die Zulässigkeit
der Grobschaltung entscheidet jedes Elektrizitätswerk auf Grund seiner
„Anschlußbedingungen".

α) Anlaufstrom und Anlaufmoment von Gleichstrommotoren. Solange ein
Gleichstrommotor still steht, seine Drehzahl also gleich Null ist, entsteht in
seinem Anker keine Gegen-EMK E. Nach Gl. (3), S. 9, ist bei $n = 0$ auch
$E = 0$. Dann gilt aber auch nicht mehr die früher zwischen Gl. (4) und (4a)
gemachte Näherung, daß EMK E und Klemmenspannung U annähernd gleich
sind; auch Gl. (4a), S. 10, ist jetzt nicht mehr gültig. Der aufgenommene
Anfahrstrom I_A ist nach dem Ohmschen Gesetz der Klemmenspannung U unmittelbar und dem inneren Widerstand R_i des Motors (Ankerwicklung, Wendepolwicklung, Bürstenübergang am Kommutator) umgekehrt proportional:

$$I_A = \frac{U}{R_i} . \tag{13}$$

Nun wird der innere Widerstand schon zur Geringhaltung der Wärmeverluste
$I^2 R$ möglichst niedrig gehalten. Mithin bekommt man unmittelbar nach dem
Grob-Einschalten einen recht hohen Strom, der bei größeren Motoren das 20-
bis 30fache des Nennstromes betragen würde und kaum irgendwo zulässig sein
dürfte. Allerdings besteht dieser hohe Strom nur sehr kurzzeitig. Nach Gl. (1),

S. 9, ruft er sofort ein beträchtliches Anfahrmoment hervor, daß den Motor auch bei Vollast- oder Überlast-Anlauf sehr schnell beschleunigt. Damit entsteht die Gegen-EMK E, die den Strom herabsetzt, bis er beim Erreichen der Betriebsdrehzahl den dem geforderten Drehmoment entsprechenden Wert annimmt.

Auch die erste Stromspitze erfährt noch eine Ermäßigung dadurch, daß der Strom nicht augenblicklich einsetzt, sondern durch die Erscheinung der Selbstinduktion zu einem allmählichen Heraufgehen auf den vollen Anfahrwert ge-

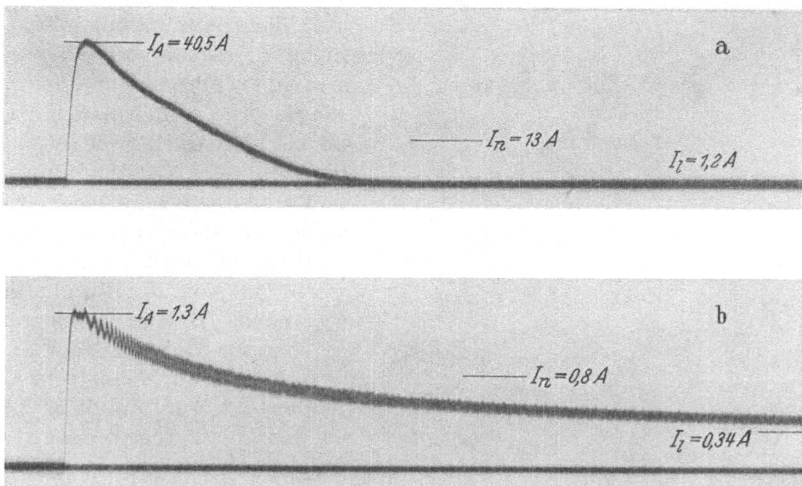

Abb. 24. Oszillogramme des Motorstromes bei Leeranlauf eines Gleichstrom-Nebenschußmotor 2,2 kW, 220 V (a) und eines Universalmotors 100 W, 220 V (b). I_A Anlauf-Spitzenstrom, I_n Motors Nennstrom, I_e Motor-Leerlaufstrom.

zwungen wird. Besonders bei kleineren Motoren ist der Anker inzwischen schon angelaufen und bereits eine Gegen-EMK entstanden, so daß der theoretische Höchstwert nach Gl. (13) überhaupt gar nicht erst erreicht wird. Abb. 24, die Anlaufstromlinien verschiedener Motoren zeigt, läßt dieses allmähliche Ansteigen des Stromes erkennen. Bei den zwei untersuchten Motorgrößen ist das Verhältnis Anlaufstromspitze I_A zu Motornennstrom I_n 1,3 : 0,8 = 1,6 bzw. 40,5 : 13 = 3,1. Der Kleinstmotor für 100 W (Universalmotor wie Abb. 6) kann unbedenklich grob angelassen werden, während der Stoß bei dem größeren Motor mit Rücksicht auf die Sicherung in der Regel nicht mehr zulässig ist, zumal bei dem Oszillogramm Abb. 24a zu berücksichtigen ist, daß das Feld vor dem Ankerstrom eingeschaltet wurde.

β) Anlaufstrom und Anlaufmoment von Wechselstrommotoren. Beim Synchronmotor ist ein Anlassen durch Grobschaltung nicht möglich, da er nicht allein anläuft. Man schafft Abhilfe durch einen sog. „Anlaßkäfig" im Läufer, auf den wir auf S. 56 zurückkommen.

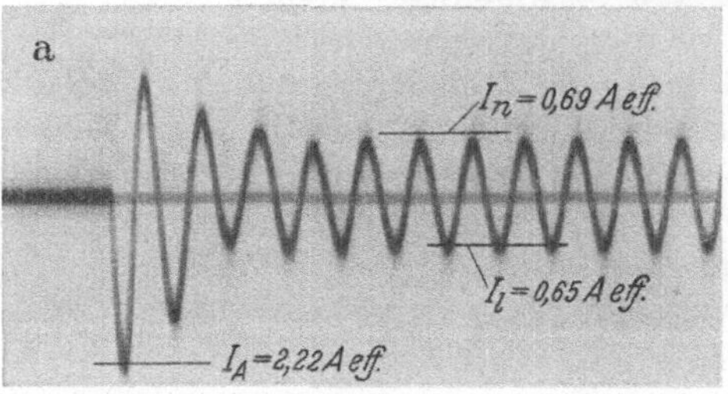

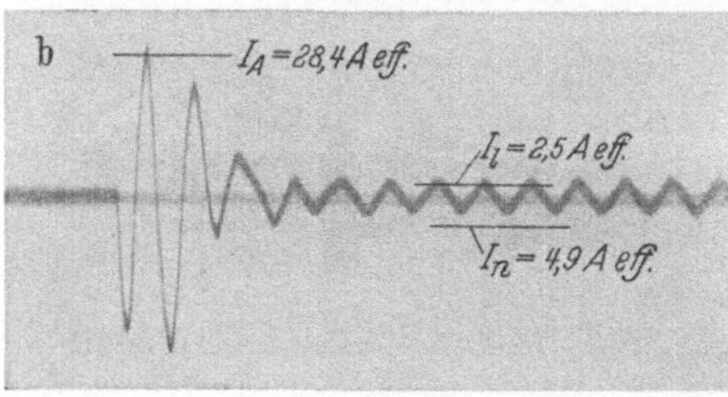

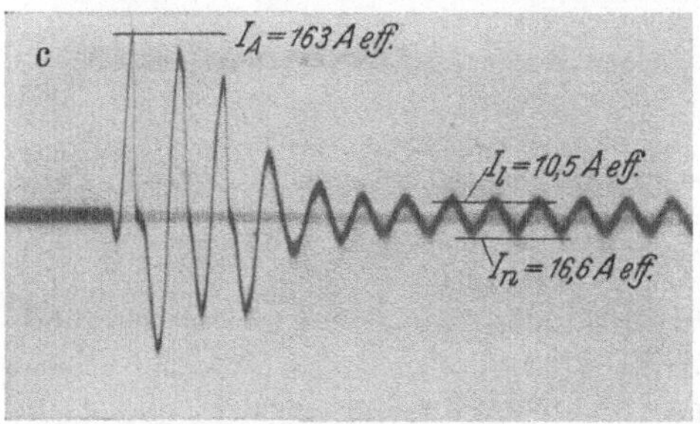

Abb. 25. Oszellogramme der Stromstärke einer Phase bei Leeranlauf von Kurzschlußläufer-Drehstrommotoren (a: Motor 160 W, b: Motor 2,2 kW, c: Motor 8,1 kW) — I_A Anlaufstrom, I_n Motor-Nennstrom, I_e Motor-Leerlaufstrom (Effektivwerte).

Der Asynchronmotor verhält sich bezüglich des Anlaufstromes ähnlich wie der Gleichstrommotor: Er nimmt einen hohen Stoßstrom auf, der beim Anlauf mit zunehmender Drehzahl auf den Betriebsstrom heruntergeht und bei größeren Motoren verhältnismäßig höher als bei kleinen Motoren liegt. Abb. 25 zeigt die Oszillogramme für 3 Motoren verschiedener Größe, wobei zu beachten ist, daß die oszillographierten ersten Spitzenwerte mit von der Einschaltphase abhängen. Die drei Oszillogramme ergeben als Verhältnis der Anlaufspitzen I_A zum Nennstrom I_n die Zahlen 3,2, 5,8 und 9,8. Leider ist das Anlauf d r e h mo m e nt aber nicht ähnlich hoch wie beim Gleichstrommotor, sondern nur

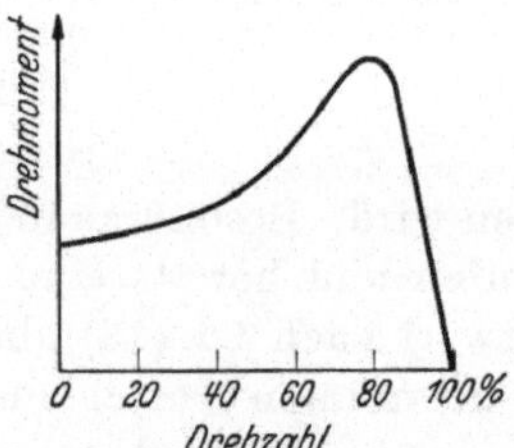

Abb. 26. Drehmoment eines Asynchronmotors in Abhängigkeit von der Drehzahl.

etwa von der Größe des Nennmomentes. Abb. 26 läßt den grundsätzlichen Verlauf des Drehmomentes über der Drehzahl erkennen. Der rechte Teil der Kurve ist nichts anderes als die Drehzahllinie aus Abb. 15, jedoch mit vertauschten Achsen. Bei etwa 80% der Drehzahl hat der Motor das höchste überhaupt abgebbare Moment, das schon früher erwähnte sog. Kippmoment. Versucht man, den Motor weiter zu belasten, so bleibt er stehen, das Drehmoment wird bis zum Stillstand ($n = 0$) immer kleiner. Dieses kleine Moment steht auch beim Anlauf nur zur Verfügung, so daß oft schon kein Vollast-Anlauf und erst recht kein Überlast-Anlauf möglich ist.

Das Grobschalten des asynchronen Drehstrommotors ist also in zweifacher Beziehung ungünstig: 1. wird ein hoher Strom aufgenommen und 2. liegt das Anlaufdrehmoment nicht sonderlich hoch. Erwünscht wäre das Umgekehrte. Dennoch verwendet man die Grobschaltung bei kleineren Drehstrommotoren sehr viel. Sie ermöglicht die Verwendung des einfachsten und billigsten Motors mit Kurzschlußläufer, so daß sich ein sehr wohlfeiler Antrieb ergibt. Reicht

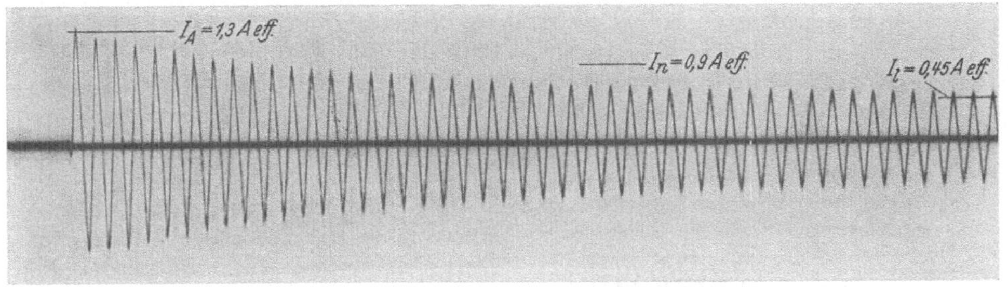

Abb. 27. Strom-Oszillogramm vom Leeranlauf des Universalmotors 100 W an Wechselstrom.

jedoch das Anfahrmoment auch von Sonderausführungen nicht aus, so muß man zum teureren Schleifringläufer übergehen.

Der immer mehr in Gebrauch kommende Einphasen-Asynchronmotor zeigt das Verhalten des Drehstrommotors in extremer Weise: er hat des fehlenden Drehfeldes wegen gar kein eigenes Anlaufmoment. Erst wenn er von außen her angeworfen wird, kann er weiter bis zur vollen Drehzahl herauflaufen. Ist ein jedesmaliges Anwerfen von Hand nicht möglich, so kann die Grobschaltung überhaupt nicht verwendet werden, sondern es sind zusätzliche Einrichtungen erforderlich, die in den nächsten Abschnitten besprochen werden.

Der Einphasen-Reihenschlußmotor mit Kommutator verhält sich bezüglich des Anlaufs ähnlich wie der Gleichstrommotor. Bahnmotoren werden nie unmittelbar an das Netz gelegt, während die Grobschaltung bei den kleinen Universalmotoren ausschließlich verwendet wird. Abb. 27 zeigt, wie niedrig die Anfahrstromspitze auch bei Wechselstrom liegt. Das Verhältnis $I_A : I_n$ beträgt hier 1,45, während es bei demselben Motor an Gleichstrom nach Abb. 24 b einen Wert von 1,6 hatte.

Beim **Repulsionsmotor** mit verstellbaren Bürsten und bei den **Dreh-strom-Kommutatormotoren** wird das Anlassen in gleicher Weise bewirkt wie die Drehzahlregelung, nämlich durch Bürstenverstellung. Es handelt sich also beim Anfahren dieser Motoren eigentlich um kein Grobschalten im eigentlichen Sinne, sondern die gleichzeitig auch der Regelung dienende Anlaßvorrichtung gehört zum Aufbau der Maschinen selbst. Drehstrom-Kommutatormotoren brauchen daher keine besonderen Anlasser. Das Anlaufmoment beträgt bis zum 2 ... 2,5fachen Nennmoment, der Anlaufstrom übersteigt den zweifachen Nennstrom nicht. Die Drehstrom-Kommutatormotoren gewähren daher auch bei mäßiger Überlast einen sicheren Anlauf, ohne daß die Spannungslage des Netzes durch zu starke Stromstöße beunruhigt wird.

2. Widerstandsanlasser.

Das in den meisten Fällen anwendbare und erfolgreiche Verfahren zur Verbesserung der Anlaufverhältnisse besteht in der Einschaltung von Widerständen. Der erste Grund hierfür ist die sichere Herabsetzung des Spitzenstromes. Außerdem läßt sich dadurch auch das Anfahrdrehmoment in einer meist günstigen Weise beeinflussen.

α) Gleichstromanlasser. Als Grund für den hohen Anfahrstrom des Gleichstrommotors erkannten wir die Tatsache der fehlenden Gegen-EMK. Der Anlaßstrom war daher allein durch den geringen inneren Motorwiderstand R_i bestimmt. Vergrößert man diesen künstlich durch einen vorgeschalteten äußeren Widerstand R_a, so kann man den Strom auf jeden beliebig kleinen Wert heruntersetzen. Man erhält ihn aus Gl. (13), S. 46, wenn man R_i im Nenner durch $(R_a + R_i)$ ersetzt. Der äußere Widerstand wird als Anlasser bezeichnet und liegt nach Abb. 10 in Reihe mit dem Anker. Ist der Motor nach dem ersten Einschalten des Anlassers angelaufen, so sinkt der Strom wegen der nun entstehenden Gegen-

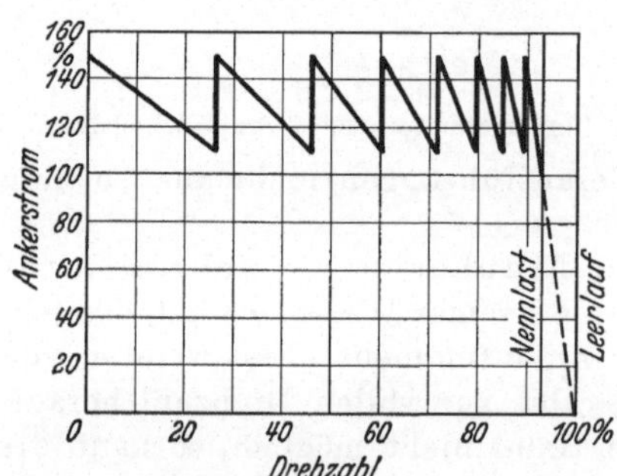

Abb. 28. Diagramm des Anlaßstromes (in % vom Nennstrom) bei einem siebenstufigen Anlasser und 150 % Spitzenstrom in Abhängigkeit von der Drehzahl.

EMK ab. Daher kann ein Teil des Widerstandes ausgeschaltet werden; der Strom springt dabei wieder auf einen höheren Wert, nimmt aber bei weiterem Steigen der Gegen-EMK abermals ab. Das Spiel wiederholt sich so oft, als Widerstandsstufen im Anlasser vorhanden sind. Abb. 28 zeigt den berechneten Stromverlauf für einen 7,5 kW-Motor mit 40 A Nennstrom bei Verwendung eines Anlassers mit 7 Stufen, wenn man stets genau so weiterschaltet, daß der Anlaßspitzenstrom wieder erreicht wird. Auf dem letzten Kontakt ist kein Widerstand mehr vorgeschaltet, der Motor liegt unmittelbar am Netz (Kurbelstellung nach Abb. 10 bei R). Normale Anlasser für Motoren von 1,5 bis 100 kW Nennleistung[1] haben 4 bis 13 Stufen, das Verhältnis Anlaßspitzenstrom I_A zu Nennstrom I_n liegt um 1,5, so daß stets Vollastanlauf möglich ist. Bei Halblastanlauf beträgt dieses Verhältnis 0,75, während man bei Überlastanlauf („Schweranlauf") bis zu 2,0 gehen muß. Diese Zahlen können dazu dienen, festzustellen, ob Anlasser und Motor zusammenpassen. Vernachlässigt man den inneren Widerstand des Motors, so muß der auf dem Anlasser angegebene Widerstand gleich dem Quotienten Netzspannung U durch Anlaßspitzenstrom I_A sein.

Wichtig ist noch, zu wissen, daß normale Anlasser nicht längere Zeit eingeschaltet bleiben dürfen, da sie sich sonst zu stark erwärmen. Die eben genannten R. E. A. legen für jeden Anlasser die zulässige Anlaßzahl, d.h. Zahl der hintereinander mit nur kurzen Pausen zulässigen Anlaßvorgänge, und die Anlaßhäufigkeit, d. h. die Zahl der stündlich in gleichmäßigen Abständen dauernd zulässigen Anlaßvorgänge fest. Die Anlaßzahl liegt bei kleineren Motoren bei 4, bei den größeren bis 100 kW bei 2. Häufiger soll man nicht hintereinander anlassen. Fordert der Betrieb ein öfteres Anlassen oder ist zum Zwecke der Drehzahlregelung ein Regelanlasser (vgl. S. 36) erforderlich, so muß dieser entsprechend reichlich bemessen sein.

β) **Drehstromanlasser.** Auch beim Drehstrommotor könnte man zum Zwecke der Stromherabsetzung einen Anlaßwiderstand vor den Motor schalten. Dieser „Ständeranlasser" hat aber den Nachteil, daß dann das an sich schon niedrige Anfahrmoment noch weiter verringert wird[2]. Man verwendet daher Motoren mit Schleifringläufer und legt allgemein den Anlasser in den Läuferkreis, wie Abb. 11a und 11b bereits zeigte. Der Dreiphasigkeit des Drehstroms entsprechend besteht der Widerstand auch aus drei Teilen (vgl. Abb. 11). Da der Widerstand des Läuferkreises vergrößert wird, ist zum Erreichen desselben Drehmomentes und gleichen Läuferstromes ein entsprechend größerer Schlupf erforderlich, wie aus der Betrachtung der Wirkungsweise auf S. 26 sofort hervorgeht. Vermehrung des Schlupfes bedeutet aber Verringerung

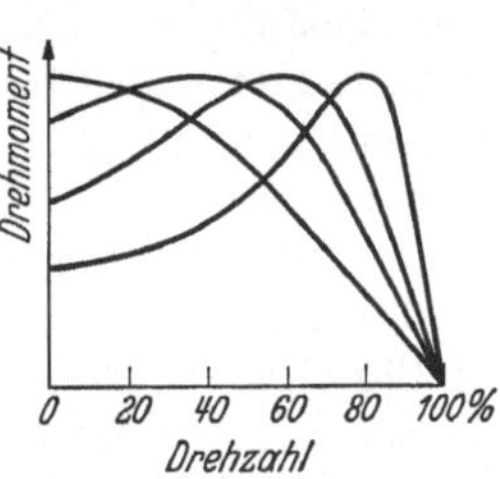

Abb. 29. Momentenlinien von Schleifringläufermotoren bei verschiedenen Anlasserstellungen.

der Drehzahl. Die Drehmomentenlinie der Abb. 26 rückt also proportional nach links, wie Abb. 29 für mehrere Schlupfwiderstände (Anlasserwiderstände) zeigt. Dabei ergibt sich nun, daß sich auch der Bereich der höheren Drehmomente

---

[1] Nach VDE 0650 „Regeln für die Bewertung und Prüfung von Anlassern und Steuergeräten R. E. A.".

[2] Ist langsamer Anlauf beabsichtigt, so macht man von der Widerstandsvorschaltung gelegentlich Gebrauch. Es genügt dann, einen Widerstand in nur eine Phase einzuschalten (vgl. Abb. 70, S. 112).

nach den kleinen Drehzahlen hin verschiebt. Damit wird das Anfahrmoment größer, und bei richtiger Bemessung des Anlaßwiderstandes hat man beim Anfahren das volle Kippmoment zur Verfügung. Da das Kippmoment meist beim 2- bis 2,5fachen Nennmoment liegt, kann der Motor mit Schleifringläufer auch für schweren Anlauf Verwendung finden.

Bezüglich der Bemessung des Anlassers gilt ähnliches wie bei Gleichstrom. In den R. E. A. ist das Verhältnis Ständerspitzenstrom zum Nennstrom für Vollastenanlauf zu 1,4 ... 1,5 festgelegt. Die zulässige Anlaßzahl ist dieselbe wie bei Gleichstrommotoren. Für die elektrischen Daten des im Läuferkreis liegenden Anlassers ist das Verhältnis Läuferspannung u (im Stillstand zwischen zwei Schleifringen gemessen) zum Läuferstrom i (im Normallauf in einer Phase), maßgebend. Bei mittleren Verhältnissen gilt für das Produkt

$$u \cdot i = 606\, N \tag{14}$$

wo N die Nennleistung des Motors in kW ist. Läuferspannung u und Läuferstrom i sind meist auf dem Leistungsschild des Motors angegeben. Das Leistungsschild des Anlassers soll die Angabe des zulässigen Läuferstromes i (in A) und den Bereich des Verhältnisses $u : i$ enthalten, in dem der Anlasser brauchbar ist. Aus den Daten auf Motor und Anlasser kann man also stets erkennen, ob beide zueinander passen. Um zu vermeiden, daß die Reibungsverluste zwischen Bürsten und Schleifringen beim Lauf dauernd auftreten; sieht man Bürsten-Abhebe- und Kurzschlußvorrichtungen vor, die die Läuferwicklung nach dem Hochfahren kurzschließen.

γ) Ausführung der Anlasser. Bezüglich des Widerstandswerkstoffes unterscheidet man Flüssigkeits- und Metallanlasser. Bei den fast nur für große Motoren gebrauchten Flüssigkeitsanlassern werden Metallplatten entweder in eine Sodalösung eingetaucht, oder der Flüssigkeitsspiegel wird bei feststehenden Blechen durch Zuströmen gehoben. In beiden Fällen verringert sich der Widerstand mit größer werdender Berührungsfläche zwischen Metall und Flüssigkeit. Wegen der Unannehmlichkeiten im Betrieb der Flüssigkeitsanlasser werden überwiegend Metallanlasser vorgezogen, bei denen die Spiralen aus Widerstandsdraht meist auf Isolierrollen gewickelt sind, seltener frei liegen. Besonders bei großen Stromstärken sind auch gußeiserne Widerstandselemente im Gebrauch.

Der Kühlung nach unterscheidet man Luft-, Öl- und Sandanlasser. Die beiden letztgenannten werden benutzt, weil Öl und Sand die Wärme besser aufnehmen als Luft, sie allerdings auch länger halten. Dementsprechend ist bei Öl und Sand eine höhere Anlaßzahl, aber eine geringere Anlaßhäufigkeit zulässig. Das größere Gewicht und der meist auch höhere Preis führt dazu, daß man bei mäßigen Leistungen meist die Luftkühlung vorzieht.

Sehr verschiedenartig ist die Ausführung des Stufenschalters, d. h. der

Kontakte, an denen die Fortschaltung von Widerstandsstufe zu Widerstandsstufe vorgenommen wird. Neben der bei kleineren Leistungen gebräuchlichsten Flachbahn-Anordnung mit kreisförmig in einer Ebene nebeneinander liegenden Kontaktstücken wird die Walzenbahn besonders dort viel benutzt, wo sehr häufig angelassen werden muß. Hierbei hat jedes der auf einer drehbaren Walze sitzenden Kontaktstücke nach Abb. 30 einen eigenen Kontaktfinger. Die „Abwicklung" einer ähnlichen Walze war in Abb. 11c dargestellt. Ebenfalls für große Schalthäufigkeit finden Steuerschalter Verwendung, bei denen eine Anzahl Einzelschalter von einer Nockenwelle aus betätigt werden. Schließlich sind noch die besonders bei großen Strömen unentbehrlichenSchützensteuerungen zu nennen. Als Schütz bezeichnet man einen elektromagnetisch betätigten Schalter, deren mehrere in bestimmter Reihenfolge geschaltet werden und beispielsweise den Anlaßwiderstand in Stufen kurzschließen. Die Anwendung von Schützensteuerungen werden wir S. 98ff. II noch kennenlernen.

Abb. 30. Walzenschalter mit 30 Kontaktfingern (SSW).

In der Betätigungsart kann man zwischen handbetätigten, selbsttätigen und ferngesteuerten Anlassern unterscheiden. Gegenüber den handbetätigten treten die anderen stark zurück. Fernbetätigung muß man vorsehen, wenn Kommandostellen und Aufstellungsort des Anlassers zu weit entfernt liegen. Selbstanlasser schalten mit der erforderlichen Geschwindigkeit selbsttätig durch alle Stufen durch und finden besonders Anwendung, wo Motoren ohne Zutun von Personal in Betrieb zu nehmen sind (z. B. Pumpenmotoren in Abhängigkeit vom Druck oder Wasserstand), ferner dort, wo eine möglichst kurze Schaltzeit ohne Überschreitung des zulässigen Schaltstromes erwünscht ist.

3. Sonder-Anlaßverfahren.

Neben den beiden wichtigsten bisher beschriebenen Anlaßverfahren besteht bei einzelnen Motoren noch eine Reihe weiterer Möglichkeiten, die etwa in der Reihenfolge ihrer Häufigkeit behandelt werden sollen. Allen ist gemeinsam, daß sie nur bei bestimmten Stromarten oder Motorarten Anwendung finden können.

α) Stern-Dreieck-Umschaltung. Trotz der Überlegenheit des Schleifringläufer-Motors über den Kurzschlußläufer-Motor bezüglich Anfahrstrom und Anlaßmoment bleibt der letztgenannte im Preis, in der Betriebsicherheit und Bedienung vorteilhafter. Das hieraus folgende Bestreben, den Anwendungsbereich des Motors mit Kurzschlußläufer zu vergrößern, hat zwei Lösungen gezeitigt: die Stern-Dreieck-Umschaltung, bei der Anlaufstrom und -moment herabgesetzt werden, und die Ausbildung von Sonderläufern, die bei verringertem Strom eine Erhöhung des Momentes anstreben.

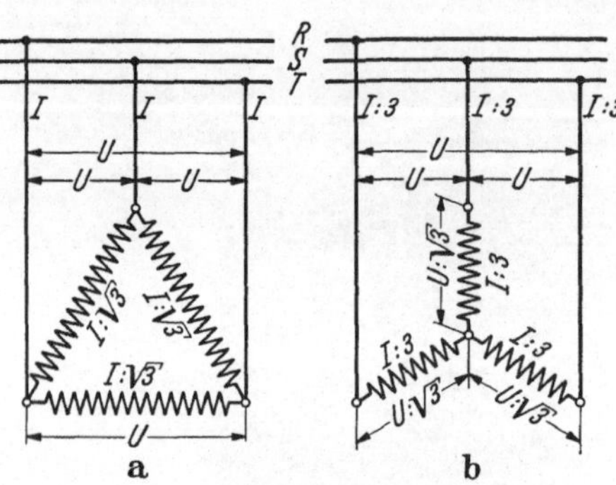

Abb. 31. Spannungen und Ströme bei Dreieck- und Sternschaltung.

Der Grundgedanke der Stern-Dreieck-Umschaltung besteht in folgender Überlegung. Nimmt eine Dreieckschaltung bei der Netzspannung U nach Abb. 31a aus dem Netz einen Strom I auf, so teilt sich dieser Strom nach den Drehstromgesetzen an jeder Dreieck-Ecke in zwei Teilströme von je $I : \sqrt{3}$ auf. In jedem Strang (jeder der drei Einzelwicklungen) ruft U also einen Strom $I : \sqrt{3}$ hervor. Schaltet man dieselben drei Stränge nun in Stern (Abb. 31b), wobei sie nicht mehr parallel, sondern gewissermaßen in Reihe geschaltet sind, so teilt sich die Netzspannung U in zwei Teile vom Betrage $U : \sqrt{3}$. Jeder Strang erhält nur noch $1 : \sqrt{3}$ der Dreiecksspannung. Mithin ist auch der Strom nur $1 : \sqrt{3}$ des vorherigen Wertes, also $I : \sqrt{3} : \sqrt{3} = I : 3$. Dieser Strom wird aber auch dem Netz entnommen, so daß man beim Umschalten derselben drei Stränge von Dreieck auf Stern eine Herabsetzung des Netzstromes auf ein Drittel bekommt. In der Sternschaltung ist der Widerstand wesentlich größer als in der Dreiecksschaltung. Dieselbe Netzspannung ruft daher in der Sternschaltung einen erheblich kleineren Strom hervor.

Hiervon macht das Anlassen mit Stern-Dreieck-Umschaltung bei Kurzschlußläufern Gebrauch. Die Motoren müssen dazu in ihrer umzuschaltenden Ständerwicklung für betriebsmäßige Dreieckschaltung ausgeführt sein. Der

Motor wird dann zunächst in Sternschaltung angelassen und nach dem Hochlaufen auf Dreieck umgeschaltet. Hierzu bedient man sich meist eines Walzenschalters nach der in Abb. 11c enthaltenen Schaltung. In der ersten Stellung (0) ist der Motor ausgeschaltet, in der zweiten (⅄) werden die drei Wicklungsstränge UX, VY und WZ in Stern, in der dritten (△) in Dreieck geschaltet, wie das bei Abb. 11 erläutert wurde. Durch ein Sprungwerk ist dafür gesorgt, daß nur diese drei Stellungen möglich sind.

Auf dem Leistungsschild der Drehstrommotoren sind meist zwei Spannungen angegeben, z. B. 220/380 V oder 380/660 V. Die dazu gesetzte Angabe △/⅄ bedeutet, daß der Motor an der ersten als Netzspannung betriebsmäßig in △, an der zweiten betriebsmäßig in Sternschaltung angeschlossen werden muß. Ein Motor mit Leistungsschild 220/380 V wäre also an einem 220 V-Netz normal in Δ, an einem 380 V-Netz normal in ⅄ zu schalten. Im Stern-Dreieck-Anlaßverfahren kann dieser Motor nur an 220 V verwendet werden, da die Wicklungen hier gerade nur ein Drittel des vollen Stromes aufnehmen. Soll an 380 V ein Anlassen mit Stern-Dreieck-Schalter stattfinden, so ist ein Motor

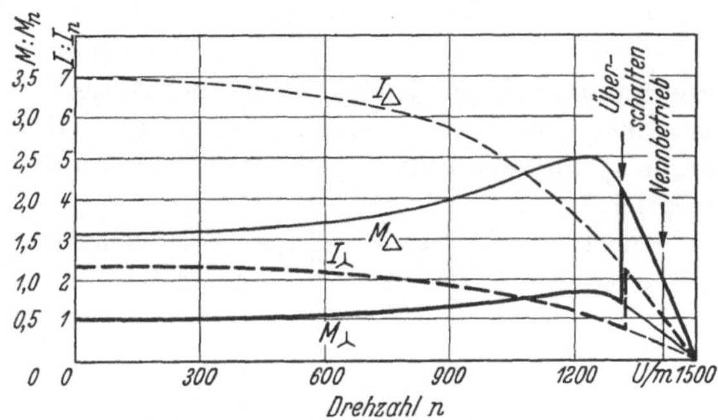

Abb. 32. Momenten- und Stromverlauf von Motoren mit gewöhnlichem Kurzschlußläufer von etwa 1 bis 5 kW, bei Δ- und ⅄-Schaltung. I_n Nennstrom, M_n Nennmoment.

mit Leistungsschild 380/660 V zu nehmen.

Mit der sehr erwünschten Herabsetzung des Stromes auf etwa ein Drittel erhält man nun auch eine ebenso starke Erniedrigung des Drehmomentes. Abb. 32 zeigt die Strom- und Momentenlinien bei Dreieck- und Sternschaltung. Zum Anfahren steht also nur etwa das halbe Nennmoment zur Verfügung, so daß schon Halblastanlauf nicht mehr sicher möglich ist. Beim Anfahren eines Kurzschlußläufer-Motors mit Stern-Dreieck-Schalter ist im allgemeinen nur Leeranlauf möglich, der allerdings in der überwiegenden Zahl der Antriebsfälle auch nur erforderlich ist.

β) **Sonder-Kurzschlußläufer.** Alle bisherigen Bemerkungen über den Kurzschlußläufermotor betrafen die Ausführung mit „gewöhnlichem" Kurzschlußläufer mit runden Stäben, der daher auch als Rundstabläufer bezeichnet wird (Abb. 33a). Ihm kommen die in Abb. 32 gezeigten Kennlinien zu. Soll das Anlaufmoment vergrößert und der Anlaufstrom verkleinert werden, so muß man entsprechend dem Vorgehen beim Schleifringläufermotor während des Anlaufs auch beim Kurzschlußläufer den Widerstand der Läufer-

wicklung vergrößern. Das gelingt dadurch, daß man die Läuferstäbe z. T.
tiefer in den Läufer hineinlegt. Es treten dann beim Anlauf Erscheinungen der
Stromverdrängung auf, durch die der wirksame Leiterquerschnitt verringert
und damit der Widerstand vergrößert wird. Abb. 33b bis e zeigt verschiedene

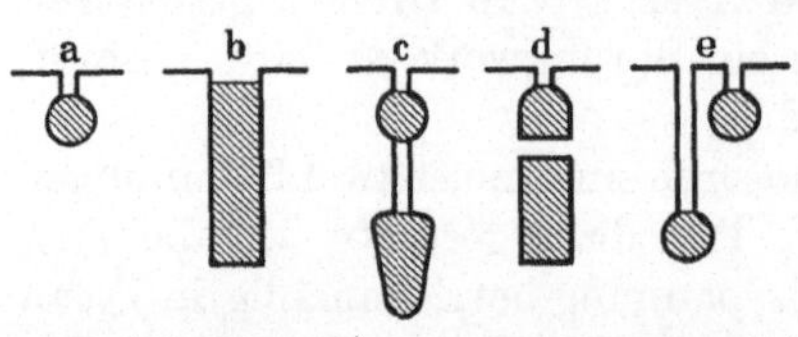

Abb. 33. Stabformen und -anordnungen bei
Kurzschlußläufern. a Rundstabläufer, b Tiefnut-
(Wirbelstrom-)Läufer, c Doppelnutläufer,
d Doppelstabläufer, e Wechselnutläufer.

Anordnungen und Stab- bzw. Nutenfor-
men, mit denen beträchtlich verbesserte
Anlaufverhältnisse erreicht werden.

Als Beispiele zeigt Abb. 34 die Strom-
und Drehmomentlinie für Doppelnut-
und Doppelstabläufer in Betriebsschaltung. Die Kurven gelten für Motoren
mittlerer Größe. Gegenüber dem Rundstabläufer, dessen Linien aus Abb. 32

übernommen sind, liegen Strom und Moment wesentlich günstiger. Wendet
man hier noch Stern-Dreieck-Umschaltung an, so kommt man mit dem Anzugsmoment auf etwa das 0,8fache Nennmoment, so daß Halblastanlauf sicher
möglich ist.

Durch die Entwicklung der Sonderläufer ist der Schleifringläufer-Motor
bei mittleren Leistungen und mittleren Anlaufverhältnissen stark verdrängt

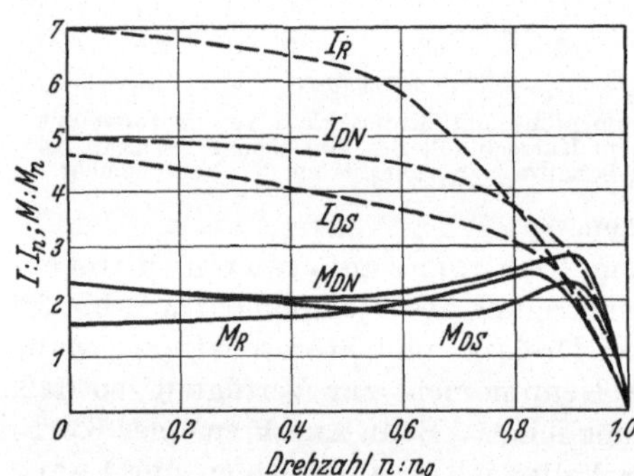

Abb. 34. Strom und Drehmoment von Rundstab-
läufer(R), Doppelnut-(DN) und Doppelstabläufer(DS).
I_n Nennstrom, M_n Nennmoment.

worden. Bei schwerem Anlauf und
gleichzeitig weitgehenden Forderungen an Geringhaltung der Stromspitze ist der Schleifringläufermotor jedoch bis zu kleinen Leistungen
herab noch nicht zu entbehren.
Dasselbe gilt auch in den Fällen,
wo der Anlauf sehr lange dauert, wo
also große Schwungmassen zu beschleunigen sind. Die langdauernden starken Läuferströme führen
gerade bei den Motoren mit Sonderläufern leicht zu hohen örtlichen
Erwärmungen.

γ) Anlassen von Synchronmotoren.
Wie schon früher gesagt wurde, kann
der Synchronmotor nur mit „seiner" synchronen Drehzahl laufen. Demnach
bietet auch das Anfahren zunächst gewisse Schwierigkeiten. Bei größeren
Maschinen verwendet man oft besondere kleine asynchrone Anwurfmotoren.
Am einfachsten ist es jedoch, den Läufer des Synchronmotors mit einem sog.
Anlaßkäfig nach Art des Kurzschlußkäfigs der Asynchronmotoren zusätz-
lich auszustatten. Mit diesem Anlaßkäfig läuft der Motor dann nach dem Ein-

schalten der Ständerwicklung asynchron herauf, wobei auch Stern-Dreieck-Umschaltung Anwendung finden kann. Ist die asynchrone Betriebsdrehzahl erreicht, so springt der Motor bei eingeschalteter Gleichstromerregung leicht in die synchrone Drehzahl hinein.

δ) Anlassen mit Teilspannung. An sich ist bereits das Anlassen durch vorgeschaltete Widerstände ein Anlassen mit Teilspannung, denn der Widerstand verbraucht eine gewisse Spannung, so daß nur noch ein Teil der ganzen Netzspannung für den Motor selbst übrigbleibt. Die Stern-Dreieck-Umschaltung gehört ebenfalls hierzu. Teilspannungen lassen sich aber auch noch anders erreichen. Die beiden wichtigsten Verfahren sollen hier genannt werden.

Bei Gleichstrommotoren liegt ein Anlassen mit Teilspannung bei jedem Leonardbetrieb vor. Wenn dieser auch nach S. 37 in erster Linie die Aufgabe der Durchführung einer weitgehenden, verlustarmen Drehzahlregelung hat, so ist gleichzeitig die Möglichkeit zum Anlassen gegeben, das ja nichts weiter als ein Heraufregeln der Drehzahl von Null auf einen Betriebswert darstellt. Besonders bei häufigem Anfahren ist es angenehm, daß keine Verluste in Anlaßwiderständen auftreten.

Ähnlich liegt es beim Anfahren von Drehstrom- oder Einphasenmotoren bei der Verwendung eines vorgeschalteten sog. Anlaßtransformators, der an der Sekundärwicklung eine oder mehrere Anzapfungen hat, an die der Motor nacheinander angeschlossen wird. Wie schon auf S. 51 gesagt wurde, hat die Spannungsverminderung beim Asynchronmotor ein Herabsetzen des schon nicht hohen Anlaufmomentes zur Folge. Wo jedoch leer anzulassen ist und sowieso für den meist großen Motor ein eigener Transformator benötigt wird, bietet der Anlaßtransformator das geeignetste Verfahren für Asynchronmotoren und für Synchronmotoren mit Anlaßkäfig. Die Anlaßtransformatoren werden darüber hinaus besonders bei großen Kurzschlußläufermotoren und Synchronmotoren in Sparschaltung auch dann verwendet, wenn sonst kein Transformator erforderlich ist. Schließlich sei noch gesagt, daß die Einphasen-Reihenschluß-Kommutatormotoren auf Lokomotiven stets aus dem mit einer größeren Zahl von Anzapfungen versehenen Transformator angelassen werden, der die Fahrdrahtspannung von beispielsweise 15 000 V auf die zum Betrieb des Motors erforderliche niedrige Spannung von einigen hundert Volt heruntersetzt.

ε) Anlassen von Einphasen-Induktionsmotoren. Ein besonderes Anlaßverfahren ist noch bei den einphasigen Asynchronmotoren erforderlich, die besonders für Kleinantriebe in Landwirtschaft und Haushalt immer mehr in Anwendung kommen. Da ein Drehfeld nur bei Vorhandensein mehrerer Phasen entstehen kann, tritt in dem Einphasenmotor nur ein hin und her wechselndes Feld auf. Eine Mitnahme des Läufers ähnlich wie beim Drehstrommotor ist hier also nicht ohne weiteres möglich. In der Tat läuft der Einphasenmotor auch nicht selbst an. Wird er hingegen **angeworfen**, was bei kleinen Maschinen von Hand geschieht, so entsteht durch das einmal begonnene Schneiden des Magnetfeldes und das dadurch bewirkte Induzieren von Läuferströmen ein Drehmoment. Der Motor läuft daher bis zur asynchronen Drehzahl herauf und kann dabei auch Arbeit leisten. Derartige Motoren sind unter dem Namen „Anwurfmotoren" vielfach in Gebrauch. Sie haben die Vorteile des Asynchronmotors (große Einfachheit, Betriebssicherheit, Billigkeit und die konstante Drehzahl des Nebenschlußmotors), brauchen jedoch keine besondere Drehstrominstallation, sondern können bei kleinen Einheiten an jede Einphasen-Lichtleitung angeschlossen werden.

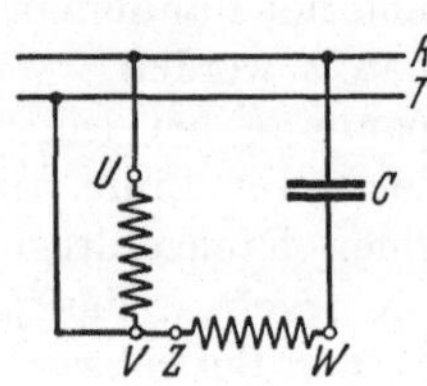

Abb. 35. Einphasenmotor mit Hilfswicklung *W—Z* und Betriebskondensator *C*.

Um den Nachteil des fehlenden Anlaufmomentes zu beseitigen, kann man nach Abb. 35 außer der eigentlichen Ständerwicklung UV eine zweite sog. Hilfswicklung WZ vorsehen. Durch Vorschalten eines Kondensators C (oder auch einer Drossel) vor diese Hilfswicklung entsteht in ihr ein gegen den Hauptstrom phasenverschobener Strom. Beide Wicklungen zusammen ergeben ein Drehfeld und der Motor läuft selbst an. Man verwendet hauptsächlich Kondensatoren und nicht Drosseln, weil Kondensatoren phasenverbessernd wirken (vgl. S. 21). Die Größe des Anzugsmomentes hängt wesentlich von der Kondensatorgröße ab. Da der Kondensator an sich nur zum Anfahren gebraucht wird, macht man ihn oft abschaltbar (sog. Anlaßkondensator im Gegensatz zum dauernd eingeschalteten Betriebskondensator). Zum Abschalten des Anlaßkondensators nach erreichter Drehzahl werden oft Fliehkraftschalter benutzt. Während man mit Betriebskondensatoren Anlaufmomente von etwa 25—50% des Nennmomentes erreicht, kommt man mit Anlaßkondensatoren bei entsprechender Bemessung auf etwa 200—250% des Nennmomentes. Der Anlaufstrom von Einphasen-Induktionsmotoren mit Kondensator, auch **Kondensator-Motoren** genannt, liegt zwischen etwa dem 3,5- und 4,5fachen des Nennstromes, so daß diese Motoren am 220 V-Lichtnetz im allgemeinen bis zu Leistungen von etwa 2 PS benutzt werden können.

Auch bei Drehstrom-Asynchronmotoren kann ein **einphasiger Lauf** vorkommen, wenn eine der drei Leitungen aus irgend einem Grunde unterbrochen wird[1]. Tritt die Leitungsunterbrechung (z. B. durch Abschmelzen nur einer Sicherung oder durch Lockern einer Schraube) während des Betriebes ein, so läuft der Motor mit etwas geringerer Drehzahl weiter. Erfolgt die Leitungsunterbrechung in einer Betriebspause, so läuft der Motor beim nächsten Ein-

---

[1] Man bezeichnet dieses oft auch als „zweiphasigen" Lauf, da der Motor dabei an zwei Leitungen liegt. Richtiger ist es jedoch, von einphasigem Lauf zu reden, da der Motor in der Tat nur eine von den drei Spannungen des Drehstromes erhält (vgl. Abb. 31a).

schalten nicht an, verhält sich also wie ein Einphasen-Asynchronmotor. Es ist davor zu warnen, einen Drehstrommotor einphasig weiterlaufen zu lassen, denn die ungünstigere Ausnutzung hat eine höhere Stromaufnahme zur Folge, die die Wicklungsisolation bei längerem Betrieb beschädigen kann. Soll ein vorhandener Drehstrommotor planmäßig an Einphasenstrom verwendet werden, so legt man zwei Klemmen (z. B. U und V) unmittelbar ans Netz und schließt die dritte Klemme W über einen Kondensator an eine der beiden Leitungen an. Wird dieser in einer Größe von etwa 70 μF je kW Motorabgabe bei 220 V Netzspannung bemessen, so kann der Motor 80—90% seiner auf dem Schild angegebenen Drehstromleistung abgeben.

4. Bremsung der Motoren.

Auch das Stillsetzen der Motoren erfordert in vielen Fällen besondere Maßnahmen. Diese sind einmal erwünscht, um den Betrieb zu verbessern und seine Wirtschaftlichkeit zu erhöhen (z. B. bei Bahnen, Hobelmaschinen und anderen Umkehrantrieben); in anderen Fällen muß Bremsmöglichkeit aus Sicherheitsgründen oder zur Begrenzung der Drehzahl nach oben vorgesehen werden (z. B. bei Aufzügen und anderen Hebezeugen); schließlich ist ein Stillsetzen dann erforderlich, wenn der Motor oder ganze Antrieb bei Überlastungen gefährdet erscheint (Überstromschutz). Ohne auf Einzelschaltungen einzugehen, soll hier das Grundsätzliche zunächst der Bremsung mitgeteilt werden.

α) **Übergang in den Generatorbetrieb.** Für das elektrische Bremsen von Motoren kommen hauptsächlich zwei Verfahren in Frage: der Übergang in den Generatorbetrieb und das Umschalten auf Gegenlauf (Gegenstrombremsung). Damit der Motor als Generator elektrische Energie abgibt und damit mechanische Energie aufnimmt (vgl. S. 8), also bremsend wirkt, ist erforderlich, daß beim Gleichstrommotor die innere EMK E größer als die Klemmenspannung U ist, bzw. daß beim Asynchronmotor die Drehzahl größer als die synchrone wird. Beim Asynchronmotor ist der Anwendungsbereich hierdurch eingeschränkt. Es sind an sich nur Bremsungen bei einer Drehzahl oberhalb der synchronen, also auch oberhalb der normalen Betriebsdrehzahl[1] möglich.

Besonders kann dieses Anwendung finden bei der sog. Senkbremsung. Wird z. B. die Last eines Kranes oder Aufzuges im Senksinne angetrieben, so beschleunigt der Motor sich sehr schnell, da zunächst sein eigenes Drehmoment und die hängende Last antreibend wirken. Übersteigt die Drehzahl aber die synchrone, so wird die Asynchronmaschine zum Generator und wirkt damit der fallenden Last entgegen. Es stellt sich eine — nur wenig über der syn-

---

[1] Jedenfalls trifft das zu, solange nur Drehstrom verwendet wird. Ein seltener verwendetes Verfahren speist den Ständer mit Gleichstrom geringer Leistung (z. B. aus einem Trockengleichrichter), wodurch ein konstantes Magnetfeld entsteht, in dem im Läufer Ströme erzeugt werden, die bremsend wirken.

chronen Drehzahl liegende — Drehzahl ein, bei der Lastmoment und Gegenmoment des Motors gerade im Gleichgewicht sind. Ganz ähnlich liegen die Verhältnisse beim Gleichstrommotor. Wird der Nebenschlußmotor bei konstant bleibender Erregung schneller angetrieben, so steigt nach Gl. (3) auch die EMK. Je mehr diese über die Klemmenspannung hinausgeht, desto größer wird die Generatorleistung und damit die Bremsleistung an der Welle. Es stellt sich auch ein Gleichgewicht zwischen Lastmoment und Generator-Gegenmoment ein. Beim Reihenschlußmotor kann die Senkbremsung durchgeführt werden, indem man die Erregerwicklung unter Vorschaltung eines Widerstandes parallel zum Anker schaltet. Der Motor wird damit zur Nebenschlußmaschine, und die Bremsung vollzieht sich wie bei dieser.

Alle Senkbremsungen sind Nutzbremsungen, d. h. die beim Bremsen gewonnene Energie wird durch die Generatorwicklung des Motors ins Netz zurückgegeben. Voraussetzung dafür ist, daß das Netz diese Energie aufzunehmen vermag, daß also andere Verbraucher genügender Größe vorhanden sind. Wo das nicht immer sicher der Fall ist, sind besondere, meist mechanische Vorkehrungen zu treffen, um ein Durchgehen der Last zu verhindern.

Abgesehen von der oben kurz erwähnten Bremsung durch einen Hilfsgleichstrom kann der Drehstrommotor in generatorischem Betrieb nicht unterhalb der Betriebsdrehzahl gebremst werden. Wohl ist das aber beim Gleichstrom-Nebenschluß- und Reihenschlußmotor möglich. Man unterscheidet die Nachlaufbremsung und die Ankerkurzschluß- oder Widerstandsbremsung. Bei der Nachlaufbremsung muß der Motor so ausgelegt sein, daß er im normalen Betrieb mit recht schwachem Magnetfeld arbeitet. Der Motor ist also schlecht ausgenutzt und wird daher groß und teuer. Soll gebremst werden, so verstärkt man das Feld; dadurch steigt die EMK, und der Motor wird zum Generator. Mit abnehmender Drehzahl kann das Feld dann weiter verstärkt werden, bis die volle Erregung erreicht ist. Eine Bremsung ist also nur in denselben Grenzen möglich, in denen eine Regelung durch Feldschwächung erfolgen kann. Dieses Verfahren findet daher besonders bei Regelmotoren Anwendung, um von einer höheren Drehzahl schnell auf eine niedere überzugehen.

Die Nachlaufbremsung ist ebenso wie die Senkbremsung eine Nutzbremsung, da die Energie ins Netz zurückgegeben wird. An die Größe dieser Energie darf man aber keine übertriebenen Erwartungen stellen. Durch die Verluste in der Maschine und etwaigen Getrieben usw. beträgt die rückgewinnbare Energie bei Hebezeugen und Bahnen oft nicht mehr als 20—30% der einmal zum Heben der Last bzw. Beschleunigen des Fahrzeuges aufgewandten Energie.

Das ist besonders für die Beurteilung des folgenden, bremstechnisch wohl leistungsfähigsten aller generatorischen Verfahren wichtig: der Widerstands- oder Kurzschlußbremsung. Sie ist nur bei Gleichstrommotoren anwendbar und besteht darin, daß man den Anker vom Netz abschaltet und an einen Widerstand legt. Die EMK der laufenden Maschine erzeugt in diesem dann einen Strom, der die elektrische Energie in Wärme umsetzt. Die Bremsleistung geht also „verloren“. Der große Vorteil dieser Widerstandsbremsung besteht darin, daß die Bremsleistung bzw. das bremsende Moment durch Verändern des Widerstandes weitgehend geregelt werden kann. Es ist also sowohl ein sehr weiches wie auch ein fast beliebig schnelles Bremsen bis zu sehr kleinen Drehzahlen möglich.

Ein völliges Stillsetzen kann mit keinem generatorischen Bremsverfahren erreicht werden, denn zur Stromerzeugung ist das Bestehen einer EMK und für diese wieder eine Drehzahl größer als Null erforderlich. Man kann also immer nur bis zu einer bestimmten Drehzahl herab bremsen, unterhalb deren man zusätzliche, z. B. mechanische Bremsen anwenden oder auf eine eigentliche weitere Abbremsung verzichten muß. Die Widerstandsbremsung ist aber bis zu so kleinen Drehzahlen herunter wirksam, daß der Antrieb denn meist in ganz kurzer Zeit durch die natürliche Reibung von selbst stillsteht.

β) **Gegenstrombremsung.** Dieses sehr einfache und wirksame Verfahren besteht darin, den laufenden Motor einfach in den Gegenlauf umzuschalten, beim Gleichstrommotor also die Ankerklemmen (S. 40), beim Drehstrommotor zwei Ständerklemmen zu vertauschen (S. 43). Allerdings darf man das nicht unmittelbar am Netz, sondern nur unter Vorschaltung eines hinreichend großen Widerstandes machen. Man erhielte sonst eine zwar äußerst kräftige Abbremsung, aber auch einen großen Stromstoß, der etwa dem doppelten Anfahrstrom der Grobschaltung entspricht. Bei Gleichstrommotoren kann der zwischen Anker und Netz liegende Widerstand mit abnehmender Drehzahl allmählich verringert werden. Bei Schleifringläufermotoren geht man so vor, daß man zunächst den Läuferwiderstand ganz einschaltet und die Ständerumschaltung dann erst vornimmt, um darauf den Läuferwiderstand wieder auszuschalten. Bei Kurzschlußläufermotoren empfiehlt es sich, außer bei sehr kleinen Einheiten jedenfalls einen Stern-Dreieck-Umschalter vorzusehen und vor dem Umschalten erst auf Stern-Stellung zu gehen. Auch kann man zur Verringerung des Stromstoßes bei der Bremsung einen Widerstand zwischen Netz und Ständer schalten.

Noch ein zweiter Gesichtspunkt ist zu beachten, der bei der Anwendung der Gegenstrombremsung zu großer Sorgfalt zwingt. Durch den Gegenstrom bekommt der Motor das Bestreben, auf die Betriebsdrehzahl der entgegengesetzten Drehrichtung heraufzulaufen. Der Stillstand ist also kein neuer Gleichgewichtszustand wie etwa bei der Widerstandsbremsung. Man muß daher recht genau gerade in dem Augenblick abschalten, wo der Motor steht. Die Gegenstrombremsung erfordert daher im allgemeinen eine unmittelbare Beobachtung des Motors durch den Bedienenden. Selbsttätiges Ausschalten etwa bei Stillstand ist möglich durch Schleppschalter, die beim Beginn des Gegenlaufs ansprechen, oder durch Fliehkraftschalter, die auf eine möglichst kleine Drehzahl eingestellt werden, oder auch durch eine sog. Tourendynamo, die bei der Drehzahl praktisch Null über ein Schütz ausschaltet.

5. Überstromschutz.

Während die im letzten Abschnitt besprochenen Bremsverfahren zum ordnungsmäßigen Betrieb des Antriebes erforderlich sind, soll der Überstromschutz den Motor und die Arbeitsmaschine vor gefährdenden Überlastungen schützen. Die Wirkung besteht seinem Namen entsprechend darin, daß Überlastungen einen zu hohen Motorstrom verursachen und daß dieser dann die Abschaltung des Antriebes und damit sein Stillsetzen veranlaßt. Man verwendet hierzu Schmelzsicherungen oder Überstromschalter. Trotzdem Sicherungen in der ersten Anschaffung und dort, wo selten Überlastungen vorkommen, auch im Betrieb billiger sind, sollte man bei Antrieben von einiger Leistung an immer die heute auch wohlfeilen Motorschutzschalter verwenden, die sich dem Motorbetrieb besser anpassen lassen als Sicherungen.

α) **Schmelzsicherungen.** Durch VDE-Vorschrift ist festgelegt, für welche Stromstärken die verschiedenen Leitungsquerschnitte abzusichern sind. Die Zahlentafel 2 gibt einen Auszug aus der Bestimmung VDE 0100 „Vorschriften nebst Ausführungsregeln für die Errichtung von Starkstromanlagen mit Betriebsspannungen unter 1000 V, V. E. S. 1".

Zahlentafel 2. Höchstzulässige Stromstärke I_h und Nenn-Stromstärke I_n für entsprechende Schmelzsicherung bei Dauerbetrieb für isolierte Kupferleitungen nach V.E.S.1 (Auszug).

Querschnitt mm²	I_h A	I_n A	Querschnitt mm²	I_h A	I_n A
1,5	14	10	16	75	60
2,5	20	15	25	100	80
4	25	20	35	125	100
6	31	25	50	160	125
10	43	35	70	200	160

Darin weichen höchstzulässige Stromstärken I_h und Sicherungs-Nennströme I_n voneinander ab, weil die Sicherungen nicht bei ihrem Nennwert, sondern erst bei Strömen durchschmelzen, die im Dauerbetrieb etwa bei dem 1,3- bis 1,6fachen Nennstrom liegen. Bei der unbedingt nötigen und aus guten Gründen verlangten Einhaltung der Vorschriften kommt man nun in eine Schwierigkeit, die an einem Beispiel erläutert sei. Ein Kurzschlußläufermotor von 3,0 kW abgegebener Leistung hat bei 220 V Netzspannung, 84,5% Wirkungsgrad und 0,86 Leistungsfaktor (Zahlentafel 1, S. 20) einen Nennstrom von $3000 : (220 \cdot \sqrt{3} \cdot 0{,}845 \cdot 0{,}86) = 10{,}8$ A, so daß eine Leitung von 1,5 mm² zu verlegen und mit 10 A abzusichern wäre. Nun

nimmt der Motor aber einen weit höheren Anlaufstrom auf. Da jede Sicherung
eine gewisse Trägheit hat (vgl. Abb. 36), genügt es erfahrungsgemäß, Kurzschlußläufermotoren bei Grobschaltung für den Anlauf mit dem etwa 2,5fache
Motornennstrom abzusichern. In unserem Beispiel brauchen wir daher eine
Sicherung für 10,8 · 2,5 = 27 A, also für 25 A Nennstrom. Nach den V. E. S. 1
muß die Leitung dann aber in 6 mm² ausgeführt werden. Die Leitung wäre
also sehr schlecht ausgenutzt bezw. erheblich teurer, und, was noch schlimmer
ist, der Motor ist jetzt erheblich übersichert, d. h. die Sicherungen würden
erst beim mehrfachen Nennstrom ansprechen, bei dem die Wicklungsisolation
des Motors bereits verbrannt
oder die Arbeitsmaschine
beschädigt sein kann. Abb.
36 zeigt die Verhältnisse.
Die normale 20 A-Sicherung
(Kurve Si 20) würde etwa
1s nach dem Einschalten abschmelzen, da nur der An-
laufstrom des Motors (Mo),
den Abschmelzstrom der
Sicherung erreicht, während
die 25 A-Sicherung „hält".
Sie läßt aber einen Dauerstrom von etwa 37 A zu,
also das 3,5fache des Motor-
Nennstromes 10,8 A.

Eine Verbesserung erhält
man durch „träge Siche-
rungen", die nach langer
Zeit bei derselben Strom-
stärke wie normale Siche-
rungen gleicher Nennstromstärke abschmelzen, kurze
Zeiten hindurch jedoch hö-

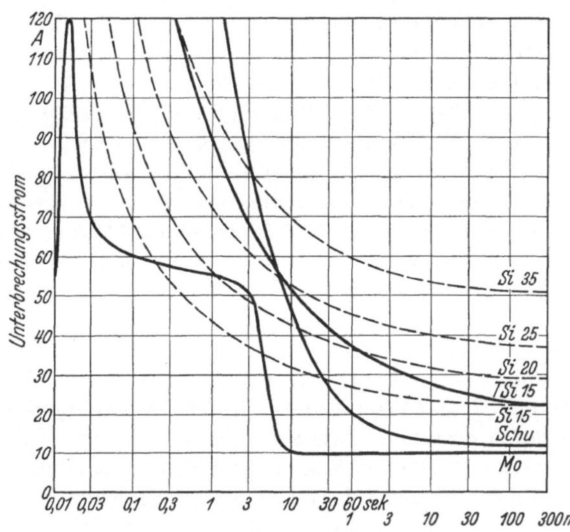

Abb. 36. Strom-Zeit-Linien von normalen Schmelzsicherungen
(gestrichelte Linien) Si 15, 20, 25, 35 für 15, 20, 25 und 35A
Nennstrom und von trägen Sicherungen TSi 15 für 15A Nennstrom, Motorschutzschalter *Schu* für 10A Nennstrom und Anlauf des Motors Mo mit 10A Dauerstrom (unter Verwendung
von Angaben der SSW).

here Ströme aushalten. Abb. 36 läßt erkennen, daß die träge Sicherung TSi
15 für 15 A bei 3 s einen fast doppelt so großen Motorstrom hindurchläßt als
die normale Sicherung Si 15 der gleichen Nennstromstärke von 15 A. Die
Abbildung zeigt aber auch schon, daß ein vollständiger Schutz, bei dem im
Dauerbetrieb kein wesentlich höherer als der Motornennstrom abgesichert wird,
nur mit Motorschutzschaltern zu erreichen ist (Kurve Schu).

Um die gekennzeichnete Schwierigkeit zu beheben, hat man gelegentlich
besondere Anlaufsicherungen vorgesehen. Mit einem Umschalter werden

erst diese eingeschaltet und nach dem Hochlaufen des Motors wird dann auf die Sicherungen für den Dauerstrom umgeschaltet. Besonders glücklich ist diese Lösung nicht, da bei einem Vergessen der Überschaltung die vermeintliche Sicherung von Leitung und Motor völlig fehlt.

Es kommt sogar immer noch etwas ganz Schlimmes vor: um das „ewige" Durchgehen von Sicherungen bei schwerem Anlauf und bei Überlaststößen zu vermeiden, werden absichtlich zu große Sicherungen eingesetzt, oder es werden die Schmelzpatronen gar überbrückt. Brände, Zerstörungen, erhebliche Kosten, ja selbst Unfälle können die Folgen eines derartig fahrlässigen Handelns sein. Die Sicherung unwirksam machen, bedeutet für den Elektromotor Ähnliches wie das Festbinden des Sicherheitsventils bei einem Dampfkessel. Vor beidem kann nicht genug gewarnt werden. Man verwende Motorschutzschalter, die heute praktisch allen Ansprüchen genügen.

β) **Selbstschalter.** Während die Schmelzpatrone der Sicherung nach einmaligem Ansprechen durchgeschmolzen und daher unbrauchbar geworden ist, schalten Selbstschalter bei einem Überstrom selbsttätig aus und können nach Beseitigung der Überstromursache sofort wieder eingeschaltet werden. Die Auslösung erfolgt dabei durch einen kleinen Elektromagneten, sog. „magnetischen Auslöser", der beim Ansteigen des Stromes über den eingestellten Wert hinaus eine Sperrklinke freigibt. Eine beim Einschalten mit gespannte Feder wirft den Schalter dann heraus.

Elektromagnetische Auslöser sprechen beim Überschreiten des eingestellten Stromes sofort an. Für die Zwecke unserer Motoren sind sie also wenig geeignet. Man hat daher verzögerte Auslöser entwickelt, die meist aus Bimetallstreifen bestehen. Diese krümmen sich unter dem Einfluß der Wärmeentwicklung des Überstromes mehr oder weniger schnell und geben die Sperrklinke dann erst nach einiger Zeit frei. Durch Anpassung der Wärmeträgheit solcher „Wärmeauslöser" an die Anlaufkurven der Motoren erhält man Schalter, die als Motorschutzschalter bezeichnet werden und Auslösekurven nach der in Abb. 36 eingetragenen Linie Schu haben. Trotzdem sie also kurzzeitig einen viel höheren, aber eben seiner Kürze wegen dennoch unschädlichen Strom hindurchlassen, schützen sie den Motor auch gegen längere Überlastungen. Der der Kurve Schu zugrunde liegende Schalter in Abb. 36 hat einen Nennstrom von 10 A und schaltet nach langen Zeiten bei dem Grenzstrom von 12 A ab.

Wird beim Einschalten oder auch während des Betriebes ein Kurzschluß wirksam, so würde der träge Wärmeauslöser diesen Strom nicht sofort abschalten. Es werden daher in Motorschutzschaltern noch besondere elektromagnetische Kurzschlußauslöser vorgesehen, die sofort wirken. Ihr Ansprechstrom muß oberhalb des Anlaufstromes der Motoren liegen, also für Gleichstrom- und Schleifringläufermotoren beim etwa 3...4fachen Nennstrom, bei Kurzschlußläufermotoren beim etwa 7...10fachen Nennstrom.

Motorschutzschalter haben mithin Wärme- und magnetische Auslöser, die möglichst in allen Polen vorgesehen sein sollten. Trotzdem diese Schalter nicht einfach sind, haben sie wegen ihres geschickten Aufbaues und der wirtschaftlichen Fertigungsverfahren heute einen sehr annehmbaren Preis, so daß sie bei Berücksichtigung ihres hohen Schutzwertes überall Anwendung finden können.

e) Betrieb und Prüfung der Motoren.

Die drei großen technischen Gesichtspunkte für die Auswahl der Motoren, nämlich Verhalten, Regelbarkeit und Anlaufverhältnisse, sind besprochen. Es bleibt noch die Berücksichtigung der Dinge, die für Abnahme und Betrieb darüber hinaus wissenswert sind.

1. Wirkungsgrad und Erwärmung.

Sowohl Wirkungsgrad als Erwärmung und Überlastungsfähigkeit sind durch die auftretenden Verluste bestimmt, deren Niedrighaltung mit zu den wichtigsten Aufgaben des Maschinenentwurfs und auch des Betriebes gehört. Ein kurzer Überblick über die Verlustarten ist daher hier erforderlich. Wir lehnen uns dabei an die maßgebenden Bestimmungen der R. E. M[1] an.

α) **Die Verluste.** Wie bei anderen Energieumsetzungen treten auch bei der Umwandlung elektrischer in mechanische Energie Verluste auf, die sich in Wärme umsetzen und abgeführt werden müssen. Die Ursachen der Verluste sind teils mechanischer, teils elektrischer Art. Der umlaufende Läufer verursacht Reibungsverluste in den Lagern, an Schleifringen und Kommutatoren. Außerdem treten Luftreibungsverluste an allen vorspringenden Teilen und besondere an etwa eingebauten Lüftern (Ventilatoren) auf. Die Summe dieser Verluste steigt nahezu quadratisch mit der Drehzahl an, ist aber praktisch unabhängig von der Belastung.

Alle Reibungsverluste gehören zu den Leerverlusten, da sie bereits im Leerlauf vorhanden sind. Dazu kommen als nächste die Eisenverluste, die durch ständige Ummagnetisierung der Eisenteile entstehen. Ihr Sitz ist bei Gleichstrommaschinen besonders der Läufer (Anker), da dieser sich in dem vom Ständer erzeugten Magnetfeld dreht. Bei Wechselstrommaschinen treten die Eisenverluste vorwiegend im Ständer auf, da der Läufer genau so schnell (Synchronmaschinen) oder fast so schnell (Asynchronmaschinen) wie das Magnetfeld umläuft. Die Eisenverluste nehmen sowohl bei ansteigender Drehzahl als bei wachsendem Magnetfeld stärker als linear zu.

Überwiegend zu den Lastverlusten gehören die durch Stromleitung in den Kupferwicklungen entstehenden Jouleschen Stromwärmeverluste. Sie sind abhängig von der Belastung, hingegen unabhängig von der Drehzahl.

---

[1] Bestimmung VDE 0530 „Regeln für die Bewertung und Prüfung von elektrischen Maschinen R. E. M."

Ihr Entstehungsort sind sämtliche Ständer- und Läuferwicklungen, soweit sie beim Betrieb einen Strom führen; ferner gehören hierher die Übergangsverluste, die durch Spannungsabfälle zwischen Bürste einerseits und Kommutator oder Schleifringen andererseits verursacht sind. Schließlich müssen der Vollständigkeit halber noch die sog. Zusatzverluste erwähnt werden, die in der Größe von ½ bis 1% der Maschinenleistung an verschiedenen Stellen entstehen und in der Hauptsache erst bei Belastung auftreten. Stromwärme- und Zusatzverluste steigen mit dem aus dem Netz aufgenommenen Maschinenstrom quadratisch, Übergangsverluste linear an.

β) **Der Wirkungsgrad.** Wie bei jeder anderen Maschine ist der Wirkungsgrad des Elektromotors gleich dem Quotienten aus abgegebener (mechanischer) Leistung dividiert durch die aufgenommene (elektrische) Leistung. Dabei ist zu beachten, daß bei der elektrisch aufgenommenen Leistung auch der Verbrauch in Hilfseinrichtungen wie Erregerwicklungen, Reglern, Eigenerregermaschinen und anderen einzurechnen ist. Daß Elektromotoren auch bei kleinen Einheiten verhältnismäßig hohe Wirkungsgrade haben, ging bereits aus den Linien der Abb. 14, 15 und 16 und aus Zahlentafel 1, S. 20, hervor. Selbst der kleine Universalmotor Abb. 17 hat noch 30%. Bei großen Maschinen über 1000 kW kommt man auf Wirkungsgrade bis 95%, gelegentlich noch darüber.

Der Höchstwert des Wirkungsgrades liegt nicht immer bei Vollast. Konstante Spannung und Drehzahl vorausgesetzt, erhält man den höchsten Wirkungsgrad, wenn die mit dem Strom quadratisch steigenden Lastverluste (Stromwärmeverluste und Zusatzverluste) gerade gleich den konstanten Leerlaufverlusten (Reibungs-, Eisen- und Erregungsverlusten) sind. Eine sehr schnellaufende Maschine mit verhältnismäßig hohen Reibungs- und Eisenverlusten wird also das Wirkungsgradmaximum erst bei hohen Strömen, also bei Überlast haben, während ein Langsamläufer bereits bei Teillasten den Höchstwert des Wirkungsgrades erreicht hat. In der Nähe der Vollast spielt das jedoch nur eine geringe Rolle, weil 1. das Maximum sehr flach verläuft und 2. die meisten Maschinen im mittleren Bereich liegen, wie die Abb. 14 … 16 zeigen. Der schnellaufende Universalmotor nach Abb. 17 hat sein Wirkungsgradmaximum jedoch deutlich bei Überlast; hier wird der allgemeine Nachteil derartigen Verhaltens merklich: schon bei Halblast ist der Wirkungsgrad um mehrere Prozent abgesunken. Während Schnelläufer also bezüglich Größe, Gewicht und Preis günstiger sind, ist der Wirkungsgrad besonders bei Teillasten leicht erheblich niedriger als bei Langsamläufern, die auch bei geringer Belastung noch recht hohe Werte des Wirkungsgrades haben können.

Bei der Messung des Wirkungsgrades bevorzugt man für elektrische Maschinen schon bei mittleren Größen die indirekten Verfahren (Rückarbeits- oder Einzelverlustverfahren) im Gegensatz zu den sonst meist gebräuchlichen direkten Verfahren (Bremsverfahren mit Bandbremsen od. dgl., Belastungsverfahren mit einem geeichten Hilfsgenerator). Die R. E. M. betrachten die direkte Messung bei Motoren mit mehr als etwa 85% Wirkungsgrad als „unzweckmäßig, weil die wahrscheinlichen Meßfehler dann größer als die Ungenauigkeit der indirekten Messung sind". Das Rückarbeitsverfahren hat das Vorhandensein von zwei gleichen Maschinen zur Voraussetzung. Beide werden gekuppelt und so gefahren, daß die eine Maschine als Motor, die andere als Generator betrieben wird. Die dem Netz entnommene Leistung ist dann der Gesamtverlust beider Maschinen. Beim Einzelverlustverfahren werden die einzelnen, oben genannten Verluste getrennt gemessen oder auf Grund von Messungen errechnet, so daß der Wirkungsgrad damit berechnet werden kann. Für die Durchführung dieser Messungen, die beispielsweise bei Abnahmen erforderlich sein können, muß auf die R. E. M. und das maßgebende Schrifttum verwiesen werden (vgl. Fußnote auf S. 2).

γ) **Erwärmung der Motoren.** Grundsätzlich verläuft die Erwärmung des Motors in seinen einzelnen Teilen wie jede andere Erwärmung bei konstanter Wärmeleistung und gleichbleibenden Kühlungsverhältnissen nach der in Abb. 37 dargestellten Linie. Die in Ordinatenrichtung aufgetragene „Erwärmung" Θ ist die Übertemperatur über der Temperatur des Kühlmittels. Zu Anfang der Erwärmung wird bei den niedrigen Temperaturen nur wenig Wärme durch Kühlung abgeführt: die Temperatur steigt schnell. Mit zunehmender Erwärmung wird die Kühlung immer wirksamer, so daß der Temperaturanstieg kleiner wird. Der Endzustand Θ_e ist erreicht, wenn durch Kühlung

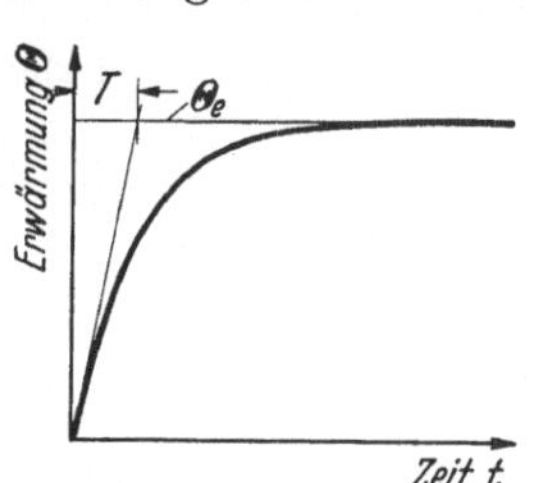

Abb. 37. Erwärmung bei Dauerbetrieb (DB).

gerade soviel Wärme abgeführt als erzeugt wird. Für die Geschwindigkeit des Temperaturanstieges wird als Kenngröße die Zeitkonstante T benutzt, deren Ermittlung aus Abb. 37 hervorgeht. Elektrische Maschinen mit ihren schlecht wärmeleitenden Isolationen haben Zeitkonstanten zwischen etwa einer halben und 2 ... 3 Stunden, so daß die Endtemperatur meist erst nach Stunden erreicht wird.

Die Erwärmung ist für die Belastungsfähigkeit einer jeden elektrischen Maschine von grundlegender Bedeutung. Da alle bisher für Wicklungen brauchbaren Isolierstoffe wie Baumwolle, Seide, Lack, Glimmer mit Kunstharz (sog. Mikanite) u. a. ganz oder in einigen ihrer Bestandteile nur bis zu gewissen Temperaturen wärmebeständig sind, müssen Temperatur-Höchstwerte, sog. „Grenzerwärmungen" eingehalten werden, die man im Betriebe nicht überschreiten darf. Anderenfalls würden die Isolierstoffe zum mindesten bei häufigeren Überlastungen in ihrer mechanischen Festigkeit und Isolierfähigkeit verlieren. Die Temperaturgrenze bedingt aber, daß bei gerade vorliegenden Kühlungsverhältnissen nur ein bestimmter höchster Verlust zulässig ist. Mithin darf schließlich die Belastung, also die Stromstärke, die die Lastverluste verursacht, gewisse Grenzen nicht überschreiten. Die Zahlentafel 3 gibt einen Auszug aus den nach den R. E. M. zulässigen Grenzerwärmungen wieder. Darüber hinaus sei gesagt, daß für Kommutatoren 60° und für Lager 45° Erwärmung zugelassen ist. Für die meisten Wicklungen kleiner und mittlerer Maschinen gilt die Grenzerwärmung 60° der Zahlentafel 3. Ihr liegt ebenso wie allen anderen Zahlen die Annahme zugrunde, daß die Kühlmitteltemperatur (meist gleich der Raumtemperatur) 35° nicht übersteigt, so daß bei 60° Erwärmung eine Temperatur von 95° über Null vorliegt. Wo sicher stets niedrigere Temperaturen vorliegen, können die Grenzerwärmungen der Zahlentafel daher entsprechend überschritten

Zahlentafel 3. Grenzerwärmungen von Maschinenwicklungen
(Auszug aus dem R. E. M.).

Wicklungen	Baumwolle, Seide, Papier u. ähnl. Faserstoffe, getränkt, ferner Lackdraht	Glimmer- u. Asbestpräparate u. ähnl. mineralische Stoffe mit Bindemittel
Einlagige Feldwicklungen, ebenso zweilagige Feldwicklungen in Volltrommelläufern . .	70°	90°
Alle anderen Wicklungen	60°	80°

werden; wo man mit höheren Temperaturen zu rechnen hat, sollen die zulässigen Grenzerwärmungen entsprechend herabgesetzt werden.

Die Werte der Zahlentafel 3 erscheinen zunächst niedrig. Man muß jedoch beachten, daß die angegebenen Erwärmungen für die Außenflächen der Wicklungen gelten, wo sie beispielsweise mit dem Thermometer gemessen werden können. Sie gelten ferner bei Temperaturmessung aus der Messung der Widerstandserhöhung für die mittlere Temperatur einer ganzen Wicklung. Da die die Leiter umhüllenden Isolierstoffe schlechte Wärmeleiter sind, tritt in ihnen ein nennenswertes Temperaturgefälle auf, so daß die Temperaturen innen an den Kupferleitern selbst im allgemeinen beträchtlich höher liegen als die Grenzerwärmungen angeben bzw. als man nach einem der beiden Temperatur-Meßverfahren erhält. Für die Beständigkeit des Isolierstoffes ist aber die höchste an ihm auftretende Temperatur, also am (meist unzugänglichen) Leiter selbst maßgebend. Die Aufgabe, höher belastbare und damit für eine bestimmte, verlangte Leistung kleinere und billigere Maschinen zu bauen, hat man in Erkenntnis dieser Tatsache gerade in den letzten Jahren mit Erfolg dadurch gefördert, daß man Isolierstoffe schuf, die wesentlich bessere Wärmeleiter als die bis dahin meist gebrauchten Faserstoffe sind, und für die an Stelle der Grenzerwärmungen der linken Spalte die der rechten Spalte von Zahlentafel 3 gelten.

δ) Dauer-, Zeit- und Aussetzleistung. Die in Abb. 37 dargestellten Erwärmungskurve hat zur Voraussetzung, daß der Motor in einem bestimmten Betriebszustand, z. B. dem Nennbetrieb, mindestens so lange läuft, bis die Enderwärmung Θ_e erreicht ist, wobei also auch die die Erwärmung bewirkenden Verluste ständig gleich bleiben. Wohl die Mehrzahl aller Antriebe verlangt nun aber nicht den Dauerbetrieb (DB). Die bereits auf S. 16 genannten kurzzeitigen und aussetzenden Betriebsarten kommen weit häufiger vor. So liegt Kurzzeit-Betrieb (KB) vor, wenn man den Motor jeweils nur so kurze Zeit gebraucht, daß die Beharrungstemperatur Θ_e nicht erreicht wird und daß sich der Motor bis zur nächsten Betriebsperiode wieder ganz abkühlen kann. Abb. 38 zeigt den Verlauf der Erwärmung für einige Spiele. Gegenüber dem DB kann der Motor in jeder Betriebszeit E (Einschaltperiode) höher belastet werden, wobei der aufgenommene Strom und damit die Lastverluste höher sind. Die jetzt naturgemäß auch höher liegende Enderwärmung Θ_e wird gar nicht erreicht, da der

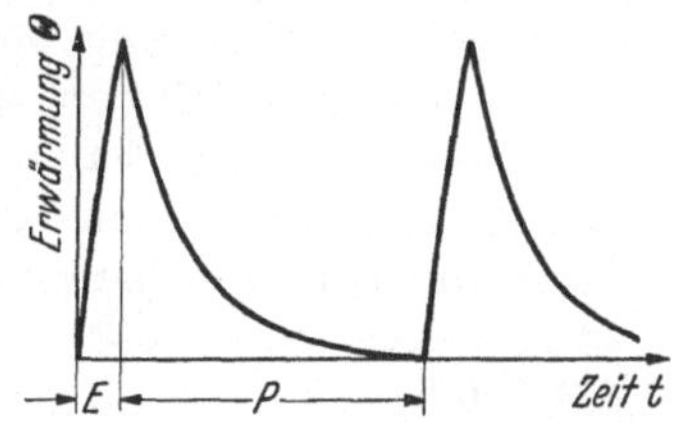

Abb. 38. Erwärmung bei Kurzzeitbetrieb (KB). *E* Betriebszeit, *P* Pause.

Betrieb am Ende der Betriebszeit E abgebrochen wird. Während die Beharrungstemperatur Θ_e beim DB höchstens gleich der zulässigen Erwärmung nach Zahlentafel 3 sein darf, liegt sie im KB je nach der Dauer von E mehr oder weniger über der zulässigen Temperatur, wird aber wegen der kurzen Betriebszeit nicht erreicht.

Ähnlich liegen die Verhältnisse beim aussetzenden Betrieb (AB). Er unterscheidet sich vom KB dadurch, daß in den Pausen nur eine teilweise Abkühlung erfolgt. Es ergibt sich ein Temperaturverlauf nach Abb. 39. Die Höhe der Temperaturspitzen unterscheidet sich nach längerem Aussetzbetrieb immer weniger, so daß schließlich ähnlich wie beim DB ein Beharrungszustand des Erwärmungsverlaufs erreicht wird. Er liegt niedriger als die Enderwärmung Θ_e eines Dauerbe-

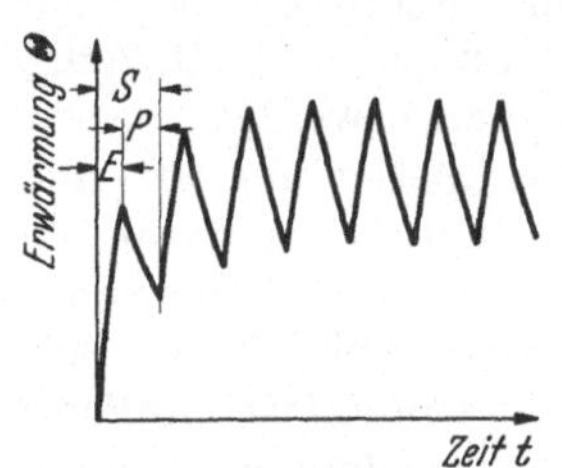

Abb. 39. Erwärmung bei Aussetzbetrieb (AB), *E* Einschaltzeit, *P* Pause, *S* Spieldauer.

triebes mit gleicher Leistung, so daß ein bestimmter Motor auch im AB höher als im DB belastet werden kann. Außer von der Leistung hängt die erreichte Höchsterwärmung im AB noch von der „relativen Einschaltdauer" ab. Man versteht hierunter das Verhältnis von Einschaltzeit E zur Spieldauer S. Abb. 39 ist für 40% Einschaltdauer gezeichnet.

Neben dem KB und AB kennt man noch den „Dauerbetrieb mit kurzzeitiger Belastung" (DKB) und den „Dauerbetrieb mit aussetzender

Belastung" (DAB). Während KB und AB vorliegt, wenn der Motor in den Pausen stillgesetzt wird und spannungslos ist, haben wir DKB und DAB, wenn der Motor in den Pausen leer weiterläuft. Beim DKB kühlt sich der Motor also nur auf die Temperaturen eines Leer-Dauerlaufes ab, während im DAB während der Pausen eine gewisse Abkühlung durch das Fehlen der Lastverluste zustande-kommt.

Die Betrachtung zeigt, daß ein Motor nicht für eine bestimmte Leistung schlechthin gebaut werden kann, sondern daß man aus Gründen der Wirtschaft-lichkeit stets auch die Betriebsart möglichst genau berücksichtigen muß. Das ist schon bei der Bestellung weitgehendst zu beachten. Andererseits kann ein Motor, der bisher im DB benutzt wurde, in einer der unterbrochenen Betriebs-arten während der Einschaltzeiten höher belastet werden. Allgemein gültige Verhältniszahlen hierfür anzugeben ist jedoch kaum möglich. Da besonders beim AB und DAB die Kühlungsverhältnisse und die Zeitkonstanten der ein-zelnen Motorteile von großem Einfluß sind, hängt die mögliche Mehrbelastung bei KB, DKB, AB und DAB gegenüber DB sehr von konstruktiven Einzelheiten der Maschine ab. Wo vom Hersteller der Maschine keine oder keine erschöpfende Auskunft zu erhalten ist, kann man die in der neuen Belastungsart zulässige Leistung durch Temperaturmessungen an der Maschine selbst ermitteln. Für die Durchführung solcher Messungen enthalten die R. E. M. in den §§ 31 bis 41 recht vollständige Angaben.

ε) **Überlastungen.** Die Tatsache, daß die Belastung zunächst allein durch den Erwärmungsverlauf bestimmt ist, gestattet auch zu beurteilen, wann, wie lange und in welcher Höhe Überlastungen zulässig sind. Bereits die höheren Leistungen bei KB, AB, DKB und DAB können insofern als Überlastungen angesehen werden, als sie nicht dauernd zulässig sind. Umgekehrt können wir jede Überlastung als einen (vorübergehenden) Kurzzeitbetrieb auffassen. Hält man sich streng daran, daß die höchstzulässige Erwärmung nach Zahlentafel 3 in keinem Fall überschritten werden soll, so sind Überlastungen bei Dauer-betrieb (Abb. 37) nur solange zulässig, als die Beharrungstemperatur Θ_e noch nicht erreicht ist. Außerdem dürfen die Überlastungen um so höher sein und um so länger dauern, je kürzer die bereits vorliegende Betriebsdauer der Maschine ist, je weniger sie sich also überhaupt noch erwärmt hat. Da eine laufende Tem-peraturüberwachung aller Maschinen keinem normalen Betrieb zugemutet werden kann, sind diese an sich sehr einfachen Feststellungen praktisch nur schwer auszuwerten[1]. Die R. E. M. verlangen daher einheitlich: „Maschinen für Dauerbetrieb müssen im betriebswarmen Zustande während 2 min den 1,5fachen Nennstrom ohne Beschädigung oder bleibende Formänderung aus-halten." Man verlangt also bewußt, daß auch nach Erreichen einer Grenz-

---

[1] Für große hochwertige Maschinen, insbesondere Turbogeneratoren großer Kraftwerke, sieht man heute oft eine laufende Temperaturüberwachung durch an der Wicklung eingebaute Thermoelemente vor.

erwärmung gemäß Zahlentafel 3 noch eine vorübergehende Zusatzerwärmung kurzer Dauer ohne Schaden möglich ist.

In diesem Zusammenhang sei darauf hingewiesen, daß Motoren oft nicht nur Überlastungen zu ertragen haben, die durch vorübergehende höhere Beanspruchungen der angetriebenen Arbeitsmaschine bedingt sind, sondern daß Überlastungen des Motors auch dadurch vorkommen, daß die Arbeitsmaschine nicht in Ordnung ist. Eine gute Wartung des ganzen Antriebes hilft also auch den Elektromotor schonen.

Neben der Erwärmung ist es bei Kommutatormaschinen noch eine zweite Erscheinung, die bei Überlastungen zu Schwierigkeiten führen kann. Wie auf S. 3 schon gesagt wurde, werden die Läuferspulen am Kommutator ständig umgeschaltet. Wie bei jedem anderen Schalten können auch hier leicht Funken bzw. kleine Lichtbögen, sog. „Bürstenfeuer", auftreten, die durch ihre große Zahl schnell zu Ausbrennungen an Bürsten und Kommutatorlamellen führen können. Alle Kommutatormaschinen sollen daher praktisch funkenfrei laufen, d. h. Kommutator und Bürsten müssen jedenfalls in betriebsfähigem Zustand bleiben. Die R. E. M. verlangen dieses für Gleichstrommaschinen ohne Wendepole bei ungeänderter Bürstenstellung zwischen einem Viertel und voller Nennleistung, für Gleichstrommaschinen mit Wendepolen bei ungeänderter Bürstenstellung im ganzen Belastungsbereich bei dem Nenn-Drehsinn.

η) **Drehzahl und Erwärmung.** Auf einen Einfluß sei hier hingewiesen, den die Drehzahl eines Motors durch die Erwärmung erfährt. Wenn die Erregung eines Gleichstrom-Nebenschlußmotors fest an konstanter Netzspannung liegt, so nimmt der Erregerstrom mit steigender Erwärmung ab, da der Widerstand der Erregerwicklung größer wird (Widerstandszunahme je 10° Erwärmung bei Kupfer etwa 4%). Die Schwächung des Erregerstromes hat aber eine Feldschwächung und damit ein Heraufgehen der Drehzahl und bei konstantem Ankerstrom ein Herabgehen des Drehmomentes zur Folge. Wenn dieser Einfluß bei den üblichen Eisensättigungen unserer Motoren auch nicht sehr groß ist, so macht sich die allmähliche Drehzahlsteigerung mit zunehmender Betriebsdauer bei empfindlichen Antrieben doch unangenehm bemerkbar. Man wird also allein aus diesem Grunde oft einen Nebenschlußregler zum Nachregeln der Drehzahl auch dann vorsehen, wenn an sich eine eigentliche Drehzahlregelung nicht verlangt wird.

Auch bei Drehstrommotoren ist ein derartiger Einfluß bemerkbar, und zwar geht die Drehzahl wegen des zunehmenden Läuferwiderstandes und damit heraufgehenden Schlupfes hier herunter. Verhältnismäßig ist der Drehzahlunterschied zwischen kalter und warmer Maschine hier aber so gering, daß er keine Rolle spielt.

2. Inbetriebsetzung und Störungen.

Wenn hier einiges über die Inbetriebsetzung und die Störungen an Motoren gesagt werden soll, so kann dabei keinesfalls der Anspruch auf Vollständigkeit erfüllt werden. Erst recht ist es nicht möglich, alle Mittel zur Behebung von Störungen zu nennen. Das hierzu erforderliche Rüstzeug, nämlich 1. eine genaue Kenntnis der inneren Vorgänge und des Aufbaues und 2. eine hinreichende Erfahrung mit Elektromotoren, kann nur durch gründliches Studium einschlägiger Fachwerke und durch die Praxis selbst erworben werden. Wir müssen uns daher begnügen, unter teilweiser Wiederholung schon genannter Dinge das Wichtigste über Anschluß, Inbetriebsetzung und einige häufiger vorkommende Störungen zu sagen.

α) Allgemeines. Zum großen Teil sind die Gesichtspunkte, auf die bei Inbetriebsetzungen und bei Störungen zu achten ist, dieselben. In beiden Fällen handelt es sich um eine schrittweise Untersuchung der ganzen elektrischen Anlage, ob ihre einzelnen Teile richtig fertiggestellt oder (nach Auftreten einer Störung) noch im betriebsrichtigen Zustand sind. Beim Neuanschluß wird man dabei den ordnungsmäßigen Zustand des Motors in der Regel voraussetzen können, während bei Störungen die Ursache oft gerade im Motor selbst zu suchen ist. Aber selbst wenn am Motor beispielsweise eine verbrannte Wicklung festgestellt wird, kann die eigentliche Ursache dafür außerhalb des Motors liegen; häufig ist durch eine Unregelmäßigkeit etwa an der angetriebenen Arbeitsmaschine eine dauernde Überlastung herbeigeführt worden. Die Störungssuche hat sich also solange auf alle Teile der Anlage vom Stromanschluß bis zur Arbeitstelle selbst zu erstrecken, bis der Fehler einwandfrei gefunden und dann behoben ist. Wenn auch der Elektromotor als meist verwickelter Teil der elektrischen Anlage am störungsanfälligsten erscheint, so hüte man sich davor, voreilig allein in ihm die Störungsursache zu suchen.

Vor der Inbetriebnahme des Motors hat man sich davon zu überzeugen, daß die Leitungen im richtigen Querschnitt verlegt und die Sicherungen für die erforderliche Stromstärke bemessen sind (vgl. Zahlentafel 2, S. 62). Sind Motorschutzschalter eingebaut, so muß deren Nennstromstärke gleich oder wenig größer als die Nennstromstärke des Motors sein. Läuft der Motor nach dem Einschalten bei ordnungsgemäßem Anlassen nicht an, so ist zuerst zu vermuten, daß er keine Spannung bekommt. Man prüft mit einem Spannungsmesser (Voltmeter) oder einer beliebigen Glühlampe, sog. Prüflampe, von der Hauptabzweigung an nacheinander alle zugänglichen Klemmen u. dgl. bis zum Motor hin. Der Fehler kann in einer Leitung, einem Gerät (Schalter, Sicherungen, Anlasser, Meßgerät) oder an einer Klemmstelle liegen (lose Schraubenverbindung).

β) Prüfung des Motors. Ist die Stromzuführung in Ordnung, so überzeuge man sich am Motor, daß er richtig angeschlossen ist. Maßgebend ist stets das dem Motor beigegebene Schaltbild, das sich oft innen am Klemmdeckel befindet. Hiernach muß bei Gleichstrommotoren die Verbindung der Anker, Erreger u. a. Wicklungen durchgeführt werden. Bezüglich der Klemmenbezeichnungen sei nochmal auf die Schaltbilder Abb. 10 u. 11 verwiesen. Nach dem beigegebenen Schaltbild ist bei allen Motoren ferner der Anschluß von Anlassern, Reglern, Stern-Dreieckschaltern und sonstigen Hilfsgeräten wie Schützen, Abhängigkeitskontakten an Schaltern, Druckknopf-Steuerungen u. a. durchzuführen. Besonders sei dann noch darauf hingewiesen, daß bei Drehstrommotoren die Ständerwicklung je nach der Netzspannung in Stern oder Dreieck geschaltet werden muß. Dabei gilt die niedrigere Spannungsangabe auf dem Leistungsschild für Dreieck-, die höhere für Sternschaltung. In Dreieck schaltet man durch Verbindung der Klemmen X—V, ferner Y—W und Z—U je untereinander und mit einer Netzphase; zur Sternschaltung werden X—Y—Z untereinander und U, V und W je mit einer Netzphase verbunden. Daß ein Anlassen durch Stern-Dreieck-Umschaltung nur bei Dreieckschaltung als Betriebsschaltung möglich ist, wurde auf S. 55 erläutert.

Läuft ein Motor plötzlich nicht mehr mit voller Drehzahl, nimmt er einen viel höheren Strom als sonst auf (Durchbrennen der Sicherung!), wird er im Betrieb schnell zu warm oder zeigen sich besonders starke Geräusche(Brummen), so ist der Fehler in der Mehrzahl der Fälle in einer Störung am Lager, in einem Windungsschluß in einer der Wicklungen, einem Körperschluß (leitende Verbindung zwischen einer Wicklung und Eisenteilen) oder auch in Leiterunterbrechungen im Motor oder bei Drehstrommotoren auch in einer Zuführung zu suchen (vgl. S. 58). Besonders Lagerstörungen, z. B. durch ungenügende Schmierung oder Auslaufen des Lagers, sind weit öfter die Ursache einer Motorstörung, als man zunächst vermutet. Bei Drehstrommotoren mit ihren verhältnismäßig kleinen Luftspalten von meist weniger als einem Millimeter führt die normale Abnutzung des Lagers früher zu einem Anschleifen des Läufers am Ständer als bei Gleichstrommotoren.

Die rein elektrischen Fehler des Körperschlusses, Windungsschlusses und einer Leiterunterbrechung lassen sich teilweise durch entsprechendes Anlegen von Prüflampen oder Spannungsmessern auffinden. Zu ihrer genauen Feststellung in den verteilten Wicklungen bedarf es meist besonderer Einrichtungen, wie Ankerprüfgeräte u. dgl., die in den meisten Betrieben nicht vorhanden sein dürften. Gute Fachkenntnisse und Erfahrungen sind auch hier das sicherste Mittel, um Störungen schnell zu finden und wirksam zu beheben.

Eine besondere Störungsart der Kommutatormotoren, vor allem also der Gleichstrommotoren, muß noch genannt werden: die Funkenbildung am Kommutator (vgl. S. 71). Die Ursache kann elektrisch oder mechanisch sein. Es kommen insbesondere vor: falsche Bürstenstellung, Nachlassen der Federn, die die Bürsten auf den Kommutator drücken, exzentrischer

Lauf des Ankers und damit des Kommutators (Auslaufen der Lager!), Unrundwerden des Kommutators, Vorstehen des Glimmers zwischen den Kupferlamellen des Kommutators, Unterbrechung der Verbindungen zwischen Kommutator und Ankerwicklung oder schlechte Lötstellen, und schließlich falscher Anschluß z. B. der Wendepolwicklung. Ist die Ursache erkannt, was meist nur bei einiger Erfahrung und durch Probieren möglich ist, so kann die Abhilfe leicht erfolgen. Zu geringer Federdruck wird durch Erneuern der Federn, Unrundlaufen des Kommutators durch erneutes Abdrehen und Ausschaben der Isolation zwischen den Kupfersegmenten, Unterbrechung von Verbindungen durch Nachlöten behoben. Bemerkt sei noch, daß neue Bürsten mittels eines zwischen Kommutator und Bürste mehrfach hin und her gezogenen Sandpapierstreifen einzuschleifen sind, um das Einlaufen zu erleichtern. Feuert eine Maschine fortgesetzt, ohne daß ein sonstiger Fehler erkennbar ist, so kann besonders bei größeren Maschinen oft durch Auswechseln der Bürstensorte oder Wahl eines anderen Bürstenhalters Abhilfe geschaffen werden. Diese Frage ist jedoch noch so wenig erforscht, daß selbst der erfahrene Fachmann mitunter auf reines Probieren angewiesen ist.

Abschließend sei nochmals erwähnt, daß eine etwa notwendige Umkehr der Drehrichtung leicht möglich ist. Näheres enthielten die S. 40 und 43.

3. Stabilität der Antriebe.

Für die Beurteilung der Brauchbarkeit eines Motors für einen bestimmten Antrieb kann noch die Forderung nach Stabilität des Betriebes von Bedeutung werden. Wenn auch die meisten Antriebe im ganzen Arbeitsbereich diese Forderung von selbst erfüllen, so ist doch für gewisse Fälle eine besondere Untersuchung erforderlich. Auf die Bedingungen der Stabilität soll daher kurz eingegangen werden.

α) Stabilitätsbedingung. Bei jeder Drehzahl liefert jeder Elektromotor ein bestimmtes Drehmoment, dessen Höhe durch seine Kennlinie bestimmt ist (vgl. z. B. Abb. 13). Als Sonderfall ist dabei der Motor mit Synchronverhalten anzusehen, der nur mit einer Drehzahl laufen kann und daher alle Momente bei dieser abgibt.

Dem vom Motor gelieferten Drehmoment steht nun das von der Arbeitsmaschine verlangte Moment gegenüber. Die Arbeitsmaschine braucht ihrerseits bei jeder Drehzahl ein bestimmtes Moment, um die von ihr geforderte Arbeit verrichten zu können. Da im allgemeinen Fall zu verschiedenen Drehzahlen auch verschiedene Momente gehören, hat die Arbeitsmaschine ebenso wie der Motor eine ihr eigene Drehzahl-Momenten-Kennlinie; die Kennlinien von Elektromotoren und Arbeitsmaschinen haben in den meisten Fällen einen grundsätzlich verschiedenen Verlauf.

Nehmen wir nun an, daß irgend ein Maschinensatz gerade mit einer bestimmten Drehzahl läuft, so sind bezüglich der Momente 3 Fälle möglich:

1. Das Moment des Motors ist höher. Das Überschußmoment wirkt beschleunigend, die Drehzahl steigt an.

2. Das Moment des Motors ist kleiner. Da die Arbeitsmaschine ein größeres Moment braucht, als der Motor gerade hergeben kann, muß dieser Mangel an Moment aus der kinetischen Energie des Maschinensatzes entnommen werden. Die Drehzahl fällt ab.

3. Moment von Motor und Arbeitsmaschine sind gleich. Der Motor leistet gerade, was die Arbeitsmaschine verlangt. Die Drehzahl kann konstant bleiben.

Als erste Bedingung für einen stabilen Lauf mit gleichbleibender Drehzahl ergibt sich mithin, daß die Momente von Motor und Arbeitsmaschine bei der „Betriebs"-Drehzahl n_b gleich sein müssen. Die Drehzahl-Momenten-Kennlinien von Motor und Arbeitsmaschine müssen sich bei dieser Drehzahl n_b schneiden, wie Abb. 40 für 2 Fälle zeigt. Die Kennlinien sind hier im Gegensatz zu früheren Bildern in Abhängigkeit von der Drehzahl aufgetragen, da man dann schneller übersieht, welches Moment größer ist.

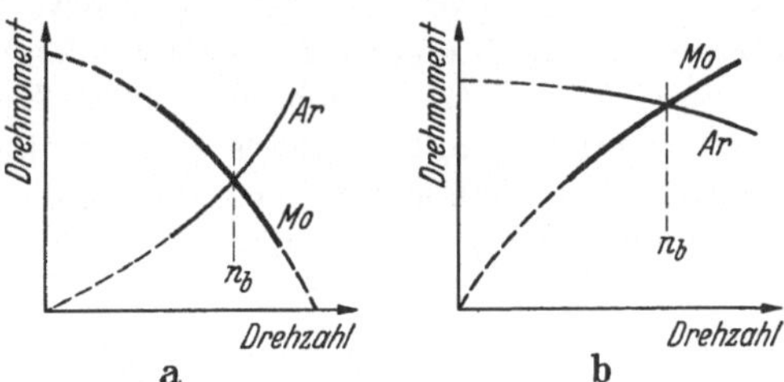

Abb. 40. Betrieb bei stabiler (a) und labiler (b) Betriebsdrehzahl n_b. *Mo* Kennlinie des antreibenden Motors, *Ar* Kennlinie der angetriebenen Arbeitsmaschine.

Zu der ersten kommt noch eine zweite Bedingung hinzu. Betrachten wir dazu die Abb. 40b. An sich besteht im Schnittpunkt (Betriebspunkt) beider Kennlinien Gleichgewicht. Tritt aber durch eine noch so geringe, nie vermeidbare Störung in einer der beiden Kennlinien eine Verschiebung ein[1], so kommt die Drehzahl in eine Lage links oder rechts vom Schnittpunkt der Kennlinien. Liegt die Drehzahl links, so kann der Motor mit seinem zu kleinen Moment den Antrieb nicht mehr durchziehen, so daß die Drehzahl fortgesetzt abnimmt, bis der Antrieb zum Stehen kommt. Kommt die Drehzahl jedoch in eine Lage rechts vom Schnittpunkt, so überwiegt das Motormoment, so daß der Antrieb sich beschleunigt. Bei weiter abnehmenden Arbeitsmaschinen- und zunehmendem Motordrehmoment geht der Antrieb durch.

Der Betriebspunkt in Abb. 40b ergibt also keinen stabilen Betrieb, trotzdem beide Kurven sich schneiden. Gerade umgekehrt liegen die Verhältnisse in

---

[1] Z. B. an der Motorkennlinie durch Änderung der Netzspannung oder an der Arbeitsmaschinen-Kennlinie durch irgend eine Änderung der Arbeitsbedingungen wie Härteschwankungen des bearbeiteten Werkstücks, Druckschwankungen in der Pumpenleitung u. a. m.

Abb. 40a. Bei Verschieben der Drehzahl nach rechts vom Schnittpunkt ist das Motormoment zu klein, der Antrieb verzögert sich und läuft von selbst wieder in den Schnittpunkt. Ein Verschieben der Drehzahl nach links hat ein Überschußmoment des Motors zur Folge, so daß der Antrieb sich beschleunigend auch wieder in den Schnittpunkt beider Kennlinien zurückgeht. Die Kurvenlage der Abb. 40a ergibt also einen **stabilen Betrieb**.

Damit erhalten wir die zweite **Stabilitätsbedingung**: In einem Schnittpunkt von Motor- und Arbeitsmaschinenkennlinie ist ein stabiler Betrieb nur möglich, wenn das Moment der Arbeitsmaschine bei Drehzahlen oberhalb der Betriebsdrehzahl überwiegt, also bremsend wirkt[1]. Im anderen Fall wird der Antrieb entweder durchgehen oder zum Stillstand kommen. Erfreulicherweise liegen die Kennlinien meist so, daß stets ein stabiler Betrieb gewährleistet ist. Jedoch kommen auch einige Fälle vor, in denen labile Betriebslagen möglich sind. Bevor wir Beispiele hierfür bringen, seien kurz noch einige durch die Abb. 40 nicht erfaßte Möglichkeiten erwähnt.

Labil ist der Betrieb auch, wenn beide Kennlinien auf ein größeres Stück hin nahezu zusammenfallen. Kleinste Schwankungen bewirken dann plötzliche beträchtliche Drehzahländerungen, die wohl stets unerwünscht sind. Abhilfe ist durch künstliche Änderung der Kennlinie von Motor und Arbeitsmaschine zu schaffen (z. B. durch Anbringen einer zusätzlichen Reihenschlußwicklung am Gleichstrom-Nebenschlußmotor oder durch Vergrößern des Schlupfes beim Drehstrommotor). Weiter seien die Fälle genannt, wo beide Kennlinien sich gar nicht schneiden, weil die eine ganz über der anderen liegt. Wenn dabei die Motorkennlinie höher liegt, geht der Motor durch, während im umgekehrten Fall der Antrieb zum Stillstand kommt bzw. gar nicht erst anläuft.

β) Kennlinien von Arbeitsmaschinen. Betrachtet man die Gesamtheit aller Arbeitsmaschinen, so findet man für jeden eingestellten Betriebszustand der Arbeitsmaschine im wesentlichen drei Arten des Verlaufs: 1. etwa konstantes Moment bei allen Drehzahlen (die meisten Werkzeugmaschinen, Pumpen, Aufzüge u. a.), 2. mit der Drehzahl ansteigendes Moment (Ventilatoren, Propellerantriebe) und 3. mit der Drehzahl fallendes Moment (Fahrzeugantriebe, während des Anlaufs). In Abb. 41 sind diese drei Kennlinienarten von Arbeitsmaschinen mit dünnen Linien eingetragen. Außerdem enthält die Abbildung noch die Kennlinien von Elektromotoren, die bereits in Abb. 13 dargestellt waren, jedoch mit einigen Unterschieden: das Synchronverhalten ist weggelassen, da die Synchronmaschine sich auf das jeweils von der Arbeitsmaschine verlangte Moment bis zum Höchstwert des Kippmomentes einstellt. Ferner ist die Linie des Nebenschlußverhaltens für den Gleichstrom-Nebenschlußmotor N_g und dem Asynchronmotor N_d getrennt bis zu

---

[1] Um alle Möglichkeiten zu erfassen, kann diese Bedingung noch ergänzt werden (vgl. Blittersdorff, W. v.: BBC Nachrichten 1936, S. 50).

starken Überlastungen gezeichnet. Für den Gleichstrommotor ist der gerade
bei kleinen Maschinen häufige Fall berücksichtigt, daß die Ankerrückwirkung
bei höheren Strömen feldschwächend wirkt und die Drehzahl damit zum Ansteigen bringt (vgl. S. 35). Schließlich ist in der Kurve G noch eine neue
Kennlinie aufgenommen. Der Wunsch, den bei Gleichstrom-Nebenschlußmotoren an sich nicht großen Drehzahlabfall im unteren Belastungsbereich
noch weiter zu vermindern, kann dazu führen, eine Gegen-Reihenschlußwicklung vorzusehen, die feldschwächend wirkt. Daß man damit sehr vor-
sichtig sein muß, zeigt die Kurve G,
die für eine Maschine mit übertrie-
ben großer Gegen-Reihenschlußwicklung gilt.

Wann liegt nun Stabilität vor?
Zur leichten Kenntlichmachung sind
in Abb. 41 alle stabilen Betriebspunkte entsprechend Abb. 40a mit
einem Vollpunkt, alle labilen mit
einem Kreis gekennzeichnet. Bei
allen Arbeitsmaschinen kommen je
nach der Motorart labile Punkte vor,
und zwar zunächst immer dann,
wenn die Drehzahl des Motors mit
dem steigenden Moment auch zunimmt, also auf der ganzen Kurve G
ferner im oberen Teil von N_g. Eine

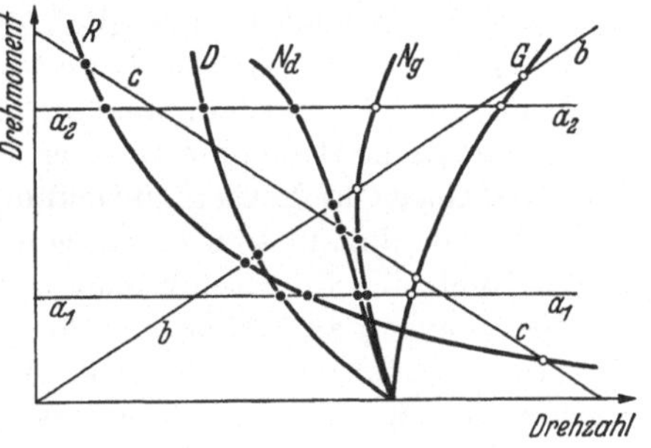

Abb. 41. Kennlinien von Elektromotoren und Arbeitsmaschinen. *D* Doppelschlußmotor, *G* Nebenschlußmotor mit Gegen-Reihenschlußwicklung, N_d Drehstrom-Asynchronmotor, N_g Gleichstrom-Nebenschlußmotor, *R* Reihenschlußmotor, *a, b, c* Arbeitsmaschinen. • Stabiler Betriebspunkt, ○ Labiler
Betriebspunkt.

Ausnahme würde sich nur ergeben, wenn das Moment b der Arbeitsmaschine
schneller als das Motormoment N_g bzw. G stiege; dann käme zu den in
Abb. 41 enthaltenen labilen Schnittpunkten weiter rechts oben noch je ein
stabiler Betriebspunkt hinzu, der im allgemeinen aber bei recht hohen, vielleicht
mechanisch und auch aus Belastungsgründen gar nicht mehr zulässigen Drehzahlen liegen würde. Die Schnittpunkte an N_g und G der Abb. 41 lehren also,
daß ein Motor mit G außer in Ausnahmefällen unbrauchbar ist. Ähnlich liegt
es mit dem oberen Teil der Kurve N_g. Motor und Antrieb sind hier so aufein-
ander abzustimmen, daß der Betriebspunkt noch im stabilen Bereich bleibt.
Bei konstantem Arbeitsmoment ist also die Lage a1 zu wählen, a2 zu vermeiden. Entsprechend ist b tiefer als in Abb. 41 gezeichnet zu legen. Besonders
wichtig ist das bei Motoren, die durch Feldschwächung in der Drehzahl
geregelt werden sollen (vgl. S. 34). Bei zunehmender Feldschwächung
biegt die Motorkennlinie N_g schon bei immer geringeren Belastungen in die
Richtung größerer Drehzahlen um, so daß ein stabiler Betrieb immer schwerer
zu erhalten ist. Hier liegt auch ein Grund dafür, daß ein Regelbereich

von $1:3$ bis $1:4$ in der Feldschwächung im allgemeinen nicht überschritten werden kann.

Am günstigsten erscheinen bezüglich der Stabilität die Kurven N_d des Drehstrommotors und D des Gleichstrom-Doppelschlußmotors. Sie ergeben mit allen gezeichneten Arbeitsmaschinenkennlinien stabile Betriebspunkte. In der Tat wird diese Feststellung auch von der Erfahrung bestätigt. Lediglich bei sehr stark mit der Drehzahl abfallendem Moment können Unstabilitäten auftreten. Die Kurve R des Gleichstrom-Reihenschlußmotors hat schließlich auch mit jeder Arbeitsmaschine der Abb. 41 einen Punkt stabilen Betriebes. Lediglich der Schnittpunkt rechts unten mit der Kurve c ist labil. Der Antrieb kann also bei kleinem Moment und hoher Drehzahl nicht gehalten werden, sondern er kann durchgehen.

Das praktische Ergebnis unserer Stabilitätsbetrachtung ist im wesentlichen, daß Gegen-Reihenschlußwicklungen höchstens bei Motoren Anwendung finden können, die an sich einen sehr großen Drehzahlabfall haben können, und daß auch der Nebenschlußmotor im oberen Lastbereich und bei großen Feldschwächungen zu labilen Arbeiten neigt. Man sieht daher sogar oft eine kleine sog. Hilfsreihenschlußwicklung vor, die das Verhalten dem des Doppelschluß- oder Asynchronmotors annähert. Schließlich ist festzustellen, daß der Asynchronmotor immer und der Reihenschlußmotor unter Last außer in ungewöhnlichen Fällen gute Stabilität gewährleisten.

Wenn die Stabilitätsuntersuchung sich damit in der Mehrzahl der Fälle auch erübrigt, so zeigt sie uns doch für Grenzfälle die Maßnahmen auf, durch die ein stabiler Betrieb gesichert werden kann.

II. Der Antrieb.

a) Allgemeines.

Jede Maschine hat eine besondere, ihr eigene Art, mit der sie betrieben werden muß, um beste Leistungen zu vollbringen. Soll der Antrieb zweckmäßig und wirtschaftlich sein, so muß der Antriebsmotor möglichst jeden an der Arbeitsmaschine erwünschten Betriebszustand herstellen können. Die Betriebszustände der treibenden Motoren wurden als deren Kennlinien in Teil I besprochen; es muß nunmehr untersucht werden, welchen Betrieb die einzelnen Arbeitsmaschinen verlangen, um danach den zweckmäßigsten Motor bestimmen zu können. Leider können die Anforderungen der Arbeitsmaschinen nicht immer von den Elektromotoren erfüllt werden; es ist dann eine Lösung zu suchen, die dem idealen Antrieb, auch unter Berücksichtigung der Kosten, am nächsten kommt.

Im Abschnitt „Allgemeines" wird zunächst eine Übersicht über die Betriebsmöglichkeiten, Betriebsanforderungen und über die wichtigsten zum elektrischen Antrieb gehörenden Hilfsmittel gegeben. Die folgenden Abschnitte behandeln im einzelnen die verschiedenen Betriebsverhalten im Zusammenhang mit den dazu gehörigen Arbeitsmaschinen, die Kennzeichnung ihrer besonderen Erfordernisse und die in Frage kommenden Motoren.

1. Belastungsfaktor.

Unter Belastungsfaktor versteht man das Verhältnis der wirklich verbrauchten zur installierten Leistung oder mit anderen Worten: das Verhältnis der tatsächlichen mittleren Betriebsbelastung zu der beim Entwurf der Anlage angenommenen höchsten Belastung. Im günstigsten Falle ist der Belastungsfaktor gleich 1, d. h. die Maschinen laufen im Dauerbetrieb unter Vollast. Im allgemeinen wird er aber kleiner als 1 sein, oft sogar wesentlich. Da er bestimmend für die Wirtschaftlichkeit sowohl jeder einzelnen Maschine als auch der gesamten Maschinenanlagen ist, soll hier näher auf ihn eingegangen werden.

Zunächst laufen die meisten Motoren verhältnismäßig selten im reinen Dauerbetrieb, sondern mit mehr oder weniger aussetzender Belastung. Insbesondere zwingen Einrichtezeiten (Werkzeugmaschinen) und Wartezeiten (Krane) zum längeren Aussetzen und zur schlechteren Ausnutzung des Antriebes. Zum anderen sind die Motoren meist ebenso selten voll belastet. Wird nun beim Entwurf eines Antriebes eine höhere Belastung angenommen, als der späteren wirklichen Betriebsbelastung entspricht, dann erfordert das zunächst ein höheres Anlagekapital. Aber auch der Betrieb wird teurer als beim richtigen Entwurf, da bei unvollkommener Ausnutzung der Wirkungsgrad bald schlechter wird[1]. Zu den erhöhten Anlagekosten können also erhöhte, laufende Betriebskosten kommen, die nur selten durch die im stärkeren Antrieb liegende, vielfach zu Unrecht beliebte „Kraftreserve" gerechtfertigt sind.

Bei asynchronen Wechselstrom- und Drehstrommotoren kommt noch hinzu, daß sich bei Teilbelastung auch der Leistungsfaktor cos φ schnell verschlechtert, wie die Motorkennlinien Abb. 15 zeigen. Der cos φ ist am besten bei Vollast, schlechter bei Teillast und am niedrigsten bei Leerlauf. Da ein schlechter cos φ bei gleicher Leistung einen höheren Strom verlangt — vgl. Gl. (7), S. 21 —, wird er in den Tarifen der Kraftwerke berücksichtigt. Auch aus diesem wirtschaftlichen Grunde sollte der Antriebsmotor in seiner Leistung möglichst genau dem wirklichen Kraftbedarf der Arbeitsmaschine angepaßt sein. Ferner geht aus der Betrachtung hervor, daß Drehstrommotoren möglichst wenig im Leerlauf gefahren werden sollten; mit der Stillsetzung der Arbeitsmaschine ist auch der Motor stillzusetzen.

Wird ein Motor im Entwurf zu knapp gewählt, dann wird er in der Anschaffung natürlich billiger werden als normal. Der Betrieb stellt sich jedoch ebenfalls teurer, da sich zunächst der Wirkungsgrad auch bei Überlastung bald verschlechtert. Außerdem kommt aber hinzu, daß der Motor bei Überlastung in der Drehzahl zu stark abfällt und endlich zu warm wird, und damit leichter Störungen ausgesetzt ist als ein genügend kräftiger Motor. Also auch hier wieder erhöhte, laufende Betriebskosten, die sehr bald die „eingesparten" Anlagekosten aufgezehrt haben werden, ganz abgesehen von den unerwünschten und kostspieligen Betriebsstörungen.

Diese Überlegungen zeigen, daß man bei der Wahl des Antriebes auch für die kleinste und unwichtigste Maschine aus wirtschaftlichen Gründen so sorgfältig wie nur möglich die tatsächliche Belastung feststellen soll, um den bestgeeigneten Motor danach auswählen zu können.

2. Antriebsarten.

Unter Antriebsart verstehen wir die Art und Weise der Kraftübertragung vom Antriebsmotor zur Arbeitsmaschine. Man hat schon längst erkannt, daß es durchaus nicht gleichgültig ist, wie dieser Kraftweg gestaltet wird, und daß mancher schlechte Wirkungsgrad und dauernde Leistungsverlust auf Fehler an

---

[1] Bei ausgesprochenen Langsam- oder Schnelläufern kann der Wirkungsgrad bei Unter- oder Überbelastung allerdings auch besser werden. Jedoch ist der Unterschied meist nur gering (vgl. S. 66).

dieser Stelle zurückzuführen sind. Da die Kraftübertragung an sich keine nutzbare Arbeit leistet, trotzdem aber infolge Reibung und Schlupf Arbeit verbraucht, stellt sie in jedem Fall einen Verlust dar, der so niedrig wie irgend möglich gehalten werden muß, zumal er mit der Belastung ansteigt. Die technisch beste Antriebsart ist also die, bei der die Übertragung der Leistung möglichst verlustlos geschieht. Im allgemeinen wird die technisch beste Lösung auch die wirtschaftlichste sein, und nur in wenigen Fällen, z. B. bei selten benutzten Anlagen, kann mit Rücksicht auf die Anlagekosten eine technisch weniger vollkommene Lösung zweckmäßiger sein.

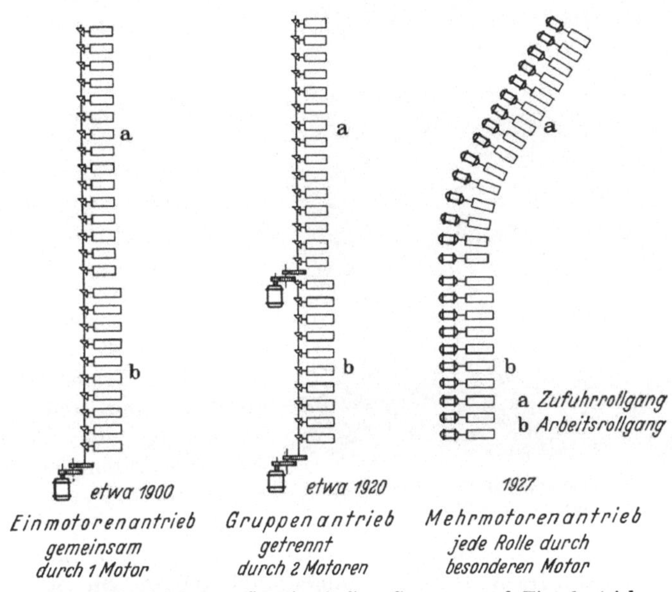

Abb. 42. Vergleich von Gemeinschafts-, Gruppen- und Einzelantrieb am Beispiel der Entwicklung von Walzwerksvollgängen (nach SSW).

Um die beste **Kraftübertragung** zu erreichen, sind folgende Forderungen zu erfüllen: möglichst kurzer Kraftweg, genaue und verlustlose Anpassung der Drehzahlen des Antriebsmotors an die günstigsten Drehzahlen der Arbeitsmaschine oder auch umgekehrt, ferner Vermeiden von Leerlauf. In der Ausführung unterscheiden wir drei Gruppen:

rein mechanische Kraftverteilung (Transmissionsantrieb),
gemischt mechanisch-elektrische Kraftverteilung (Gruppenantrieb),
rein elektrische Verteilung (Einzelantrieb).

Abb. 42 zeigt alle drei Arten am Beispiel eines Rollganges, dessen Antrieb im

Laufe der Zeit die Entwicklung vom Gemeinschaftsantrieb aller Rollen zum Einzelantrieb jeder einzelnen durchgemacht hat. Eine Sonderstellung nimmt bei allen drei Antriebsarten noch das Getriebe ein.

α) **Transmissionsantrieb.** Der Transmissionsantrieb oder Gemeinschaftsantrieb hat einen langen, oft einen sehr langen Kraftweg mit kraftverzehrenden Umlenkungen, Riementrieben und meist auch vielen Lagerstellen. Die gewünschten Drehzahlen für die Arbeitsmaschinen lassen sich selbst durch geeignete Riemenscheibenübersetzungen und Vorgelege nur bei Maschinen mit einer Drehzahl oder wenigen Drehzahlstufen genau erreichen. Bei Arbeitsmaschinen, die viele Drehzahlstufen oder gar stufenlose Drehzahlregelung fordern, können ohne besondere Getriebe die Drehzahlen nur in grober Annäherung gebildet werden. Handelt es sich dann noch um größere Übersetzungen zwischen Antrieb und Arbeitsmaschine, so ist die Übertragung oft mit ziemlichen Verlusten verbunden. Weitere besonders große Verluste ergeben sich beim Transmissionsantrieb durch Leerlauf und Teillast. Die Anpassung an die einzelnen Arbeitsbedingungen ist also schlecht.

Abb. 43. Alte mechanische Fabrikwerkstätte mit Transmissionsantrieben.

Diese Antriebsart hat aber noch weitere Nachteile. Zunächst können die Arbeitsmaschinen nicht nach Zweckmäßigkeit frei im Arbeitsraum angeordnet werden. Sie sind sehr an die Lage der Transmissionswelle gebunden und müssen meist auch in der Maschinenachse nach dieser gerichtet sein. Weiter hindern die Riemen freie Sicht (Abb. 43) und, falls Hebezeuge in der Werkstätte vorhanden sind, diese teilweise in ihrer freien Bewegung. Dann beansprucht eine stark belastete Transmission das Fabrikgebäude mehr, so daß gegenüber dem Einzelantrieb u. U. Verstärkungen der tragenden Pfeiler und Mauerteile, insbesondere bei Shedbauten, nötig sind. Endlich aber gewährt der Riemenantrieb kein so sicheres Durchziehen wie der direkte elektrische Antrieb.

Diesen ziemlich zahlreichen Nachteilen stehen nun allerdings auch einige Vorteile gegenüber. Die Transmission hat die niedrigsten Anlagekosten, wenn die Ausdehnung der Anlage als solche beschränkt bleibt. Für großflächige

Werkstätten entfällt also dieser Vorteil. Weiter kann die Transmission dann günstig sein, wenn bei mehreren Maschinen stoßweise und schwankende Belastung auftritt, da sie infolge ihrer verhältnismäßig großen umlaufenden Massen eine für diesen Fall sehr erwünschte Unempfindlichkeit und ein größeres Beharrungsvermögen besitzt. Zu beachten ist ferner, daß durch wesentliche Verbesserungen in der Wellenlagerung die Reibungsverluste bedeutend vermindert und durch Einführung ölsparender Lager erhebliche Verbilligungen und Vereinfachungen in der Wartung erzielt werden konnten. Aus diesen Gründen werden Transmissionsantriebe neuerdings wieder etwas mehr gebaut, während es vor kurzem noch schien, als ob sie in absehbarer Zeit gänzlich vom Einzelantrieb verdrängt werden sollten.

Man verwendet heute Transmissionen im Kleingewerbe, kleineren Betrieben und teilweise in landwirtschaftlichen Betrieben. Sie sind geeignet bei geringer Flächenausdehnung der Anlage, wenn die Maschinen nur gelegentlich benutzt werden und mehr Wert auf möglichst niedrige Anlagekosten als auf größtmögliche Leistungsfähigkeit gelegt wird, was besonders dann richtig sein kann, wenn die Antriebszeiten verhältnismäßig kurz sind.

Der Transmissionsantrieb war bis zur Jahrhundertwende der Antrieb. Fast jede Werkstätte und Fabrik hatte ihre eigene Krafterzeugungsanlage, meist in Form einer Dampfmaschine oder Dampflokomobile, von der aus mechanisch durch Transmissionswellen die Energie in die Werkstätten bis zu den Arbeitsmaschinen übertragen wurde. Diese Antriebsart war damals die gegebene, da es nicht möglich war, die Dampfkraftzentrale wirtschaftlich in kleinere Einheiten für den unmittelbaren Antrieb der einzelnen Arbeitsmaschinen aufzulösen. Erst mit der steigenden Verwendung der elektrischen Energie konnte man die außerordentlichen Vorzüge des elektrischen Stromes — leichte Teilbarkeit, Fortleitung und Regelbarkeit — benutzen, um jeder Arbeitsmaschine sozusagen eine eigene kleine, ihrem Leistungsbedarf genau angepaßte Kraftstation zu geben.

β) **Gruppenantrieb.** Der Gruppenantrieb stellt den Übergang zwischen Transmissionsantrieb und Einzelantrieb dar. Er hat sich aus dem ersteren entwickelt, als man erkannte, wie unwirtschaftlich es ist, alle Maschinen einer Werkstatt von einem einzigen Motor antreiben zu lassen. Zusammengehörige Arbeitsmaschinen wurden daher zu kleinen Gruppen mit gemeinsamem Antrieb zusammengefaßt. Die vorher große und schwere Transmission ist also unterteilt worden; letzten Endes sind aber diese Gruppen Transmissionsantriebe geblieben, wenn sie auch kleiner geworden sind. Sollen sie wirtschaftlicher arbeiten als Volltransmissionen, so müssen deren Unzulänglichkeiten vermieden werden.

Die schwerstwiegenden Nachteile des Transmissionsantriebes entstehen durch Teilbelastung und Leerlauf. Die Nennleistung richtet sich immer nach dem größten Arbeitsbedarf, hiernach muß beim Einmotorenantrieb dessen Größe festgelegt werden; selten aber wird bei den verschiedenartigen Maschinen, die alle an der Transmission „hängen", diese voll belastet und ausgenutzt. Daraus ergeben sich sofort die Bedingungen, bei denen ein Gruppenantrieb zweckmäßig ist. Nur dann, wenn die angetriebenen Maschinen gleichzeitig und mit annähernd gleichbleibender Belastung laufen, ist der Wirkungsgrad gut und wird gleichzeitig der unnötig kraftverzehrende Leerlauf vermieden. Wenn solche Verhältnisse vorliegen, arbeitet der Gruppenantrieb wirtschaftlich und ist auch in der Anlage billiger als Einzelantrieb. Da diese Forderungen aber nur verhältnismäßig selten erfüllt werden, ist der Gruppenantrieb nicht oft zweckmäßig; er wird heute wenig angewandt. Wir finden ihn teilweise noch zum Antrieb von Zentrifugen (Zuckerindustrie, chemische Industrie), bei Fördertiefpumpen der Erdölindustrie und zum Antrieb der Walzwerksrollgänge.

γ) **Einzelantrieb.** Die eingangs genannten Forderungen für die beste Kraftübertragung erfüllt der Transmissionsantrieb, wie gezeigt wurde, sehr schlecht, der Einzelantrieb hingegen in sehr vollkommener Weise.

Abb. 44. Einzelantrieb einer Produktions-Drehbank (Loewe) mit polumschaltbarem Motor.

Wie der Name sagt, wird jede Arbeitsmaschine einzeln angetrieben, wobei ihr der Antriebsmotor in Größe, Leistung und Bauform sehr genau anzupassen ist. Der Kraftweg ist denkbar kurz. Zwischen Motor und Arbeitsmaschine ist nur ein Getriebe oder eine Übersetzung eingeschaltet, oft aber läßt sich die

Übertragung auch durch unmittelbare Kupplung bewerkstelligen. Antriebsmotor und Arbeitsmaschine bilden ein einheitliches Ganzes, was meist auch schon durch die geschlossene Konstruktion zum Ausdruck kommt, wie Abb. 44 am Beispiel einer Drehbank zeigt. Man bezeichnet deshalb heute die elektrisch selbständig angetriebene Arbeitsmaschine als Elektro-Arbeitsmaschine. Der kurze Kraftweg ist nicht nur verlustarm, sondern auch sicherer, da er eben infolge seiner Kürze weniger Störungsmöglichkeiten bietet. Außerdem hat er den geringsten Platzbedarf. Die Arbeitsmaschine selbst kann ohne weiteres auf jedem beliebigen Platz vollkommen unabhängig in der Entfernung vom Ort der Krafterzeugung aufgestellt werden, da die elektrische Energiezuleitung niemals eine Schwierigkeit bietet. Ein zur Verfügung stehender Raum muß also nicht mit Rücksicht auf die festliegende Transmissionswelle eingerichtet werden, sondern er kann frei nach den Erfordernissen jeder einzelnen Arbeitsmaschine, nach dem besten Arbeitsgang bzw. nach dem

Abb. 45. Ortsbeweglicher Motor zum Antrieb einer Dreschmaschine.

zweckmäßigsten Werkstofftransport aufgeteilt werden. Darüber hinaus ist es mit beweglichen, nicht fest verlegten Kabeln sogar möglich, mit den Elektro-Arbeitsmaschinen zum jeweiligen Arbeitsplatz zu gehen. Dies gilt nicht etwa nur für Hebezeuge, die in dieser Hinsicht mehr als Fahrzeuge anzusehen sind, sondern auch für Arbeitsmaschinen, die normalerweise einen festen Arbeitsplatz haben, beispielsweise Werkzeugmaschinen, große Bohr- und Fräswerke, die zur Bearbeitung großer Kessel, schwerer Gußteile, langer und sperriger Bauteile mit dem Kran nach Bedarf herangebracht werden. Ein Fortschritt in dieser Richtung zeigt sich auch in der Landwirtschaft und im Baugewerbe, wo immer mehr ortsbewegliche Elektro-Arbeitsmaschinen bevorzugt werden. Abb. 45 zeigt ein Beispiel, ebenso die spätere Abb. 66, S. 109.

Ähnlich vollkommen ist bei Einzelantrieb das Anpassungsvermögen des Elektromotors in seinen Drehzahlen an die Arbeitsmaschinen. Leerlauf kann ganz vermieden werden, denn zum Anhalten der Arbeitsmaschine wird nicht mehr nur diese durch „Ausrücken" abgestellt, wie es beim Transmissionsantrieb normal war, sondern durch Ausschalten des Motors wird die ganze Elektro-Arbeitsmaschine stillgesetzt. Beim Einzelantrieb kann die Maschine schließlich noch zum schnelleren Halten gebracht werden, wenn Motor und Steuerungen zum Bremsen eingerichtet sind. Bei Gegenstrombremsung kommt die Arbeitsmaschine ohne mechanische Bremszusatzeinrichtungen rasch, sicher und sehr genau zum Stillstand. Allerdings ist diese Bremsart nicht verlustlos. Ist der Antrieb sehr häufig stillzusetzen, so daß man gerne die Hauptbremsenergie zurückgewinnen möchte, ohne aber auf eine wirksame Endbremsung verzichten zu wollen, so können Nutzbremsung und Gegenstrombremsung vereinigt werden (vgl. S. 60, 61).

Außer in der Drehzahl kann der Elektromotor auch in seiner Bauform weitgehend der Arbeitsmaschine angepaßt werden. Schon die verschiedenen Ausführungsformen der Abb. 7 lassen dies erkennen: je nachdem an welcher Stelle er sitzt, wird der Motor mit Fuß, der Flanschmotor oder der Einbaumotor bevorzugt. Bei senkrechten Arbeitswellen kann der Vertikalmotor verwendet werden, der sich vom waagerecht liegenden Motor lediglich dadurch unterscheidet, daß seine Lager gegen Ölverlust besser geschützt und für die Aufnahme des in achsialer Richtung wirkenden Ankergewichtes eingerichtet sind. Für besondere Aufgaben sind dann noch besondere

Abb. 46. Motoren etwa gleicher Leistung (1,5 kW) als Normalmotor (Mitte), Schleifscheiben-Schmalmotor (links) und Holzsägen-Niedrigmotor (rechts). (Himmelwerke).

Motorformen entwickelt, wie Abb. 46 erkennen läßt. Der mittlere Motor zeigt die normale Bauform mit Fuß. Der linke ist ein Sondermotor mit Ringanker, sehr kurzer Baulänge (85 mm), aber sehr großer Bauhöhe und dient zum Schleifen von Kurbelzapfen, Wellenkröpfungen usw. Der rechte ist umgekehrt ein Sondermotor mit sehr großer Baulänge, aber nur sehr geringer Bauhöhe (129 mm) und dient als Kreissägemotor zur Holzbearbeitung (1,5 kW, 3000 U/m).

Der elektrische Einzelantrieb stellt aber nicht allein die technisch beste Lösung des Antriebes selbst dar, sondern er vermeidet noch weitere schon bei der Transmission besprochene Nachteile. Keine Riementriebe hindern die freie Sicht und freie Bewegung. Er beansprucht nicht durch zusätzlichen Zug das Mauerwerk, da bei richtiger Anordnung Motor und Maschine kraftschlüssig sind, also keine freien Kräfte von außen aufgenommen werden müssen. Die Energie selbst wird ohne Schlupf und ohne Rutschen von Transmissionsriemen übertragen, der Einzelantrieb gewährleistet also sichere Durchzugsverhältnisse und dadurch höhere Überlastbarkeit. Er gestattet ferner neben der elektrischen Bremsung bequeme elektrische Umsteuerung und die bei verwickelten Arbeitsmaschinen wichtige selbsttätige Steuerung. An dieser Stelle ist auch noch auf die Betriebssicherheit hinzuweisen. Bei gleich sorgfältiger Ausführung stellt der elektrische Einzelantrieb die kleinere Gefahrenquelle dar. Bei vergleichbaren Anlagen sind durch offene Riementriebe und Transmissionen hervorgerufene Unfälle zahlenmäßig häufiger als solche, die die Elektrizität zur Ursache haben.

Endlich ist auch durch einfachste Messungen sehr leicht eine gute Überwachung jeder einzelnen Anlage hinsichtlich ihres Betriebszustandes und ihrer Leistung möglich. Schon mit einem gewöhnlichen Strommesser, wie ihn neuerdings viele Werkzeugmaschinen von der Fabrik aus haben und Abb. 47 am Beispiel eines Frässpindelantriebes zeigt, können wir nicht nur erkennen, ob bei einer bestimmten Arbeit die Maschine ausgenutzt oder unter- oder überlastet ist, sondern auch einen sicheren Rückschluß auf den Zustand der Einzelmaschine ziehen. Wenn eine Drehbank für eine bestimmte stündliche Schnittleistung (Spanleistung) einen größeren Stromverbrauch zeigt, als dieser Leistung unter Berücksichtigung der Getriebeverluste und des Motorwirkungsgrades zukommt, so ist das ein Grund, die Anlage genauestens auf mögliche Störungen und Fehler zu überprüfen, wie dies auf S. 72ff. näher behandelt ist. Bei elektrischem Einzelantrieb kann also der schlechte Zustand einer Maschine sofort erkannt werden, während sonst unbemerkt mit immer schlech-

Abb. 47. Einzelantrieb des Spindelstocks einer Fräsmaschine (Gildemeister & Co.) mit eingebautem Strommesser *C*. *A* Ableselupen für die Feineinstellung des Frässchlittens, *B* Ziffernscheibe und Zwillingshebel zum Einstellen der Spindeldrehzahlen.

terem Wirkungsgrad, also mit Verlusten, so lange weitergefahren wird, bis sehr viel später erst durch Zubruchgehen eines Teiles oder infolge einer weiteren, nicht mehr zu übersehenden Störung der Fehler aufgedeckt wird.

Die Anlagekosten beim Einzelantrieb können nicht ohne weiteres mit den Anlagekosten beim Gemeinschaftsbetrieb verglichen werden. Wie schon erwähnt, sind bei kleineren Anlagen die Ausgaben für eine Transmission am geringsten. Bei großen Anlagen hingegen kann durch eine bessere Raumausnutzung, Fortfall zusätzlicher Gebäudebelastung durch den Riemenzug und dadurch, daß die Gestehungskosten für große Transmissionswellen schneller wachsen als für verstärkte elektrische Kabel, eine ziemlich weitgehende Annäherung der Kosten für Einzelantrieb an die des Transmissionsantriebes erreicht werden. Die Betriebskosten liegen hingegen fast immer zugunsten des Einzelantriebes. Auf der einen Seite haben wir größeren Ölverbrauch und Riemenausbesserungen, überhaupt ist bei den vielen Lagerstellen beim Transmissionsantrieb eine etwas größere Wartung nötig; auf der anderen Seite haben wir Ausbesserungen an den Anlassern, Steuerungen und Motoren. Diese Kosten dürften etwa gleich sein. Anders wird es jedoch, wenn wir den Energieaufwand betrachten. Der Gemeinschaftsantrieb hat durch die größere Maschineneinheit an sich den besseren Wirkungsgrad (vgl. Zahlentafel 1, S. 20), fährt aber selten mit Vollast und hat erhebliche Leerlaufverluste. Es nützt also nicht viel, daß hier bei Vollast ein um wenige Prozente besserer Wirkungsgrad möglich ist, wenn meist ein Betriebszustand herrscht, bei dem der tatsächliche Wirkungsgrad viele Prozent unter dem Durchschnitt des Einzelantriebes liegt. Die kleineren Maschineneinheiten des Einzelantriebes sind wesentlich besser ausgenutzt, werden sogar meist im günstigsten Leistungsbereich gefahren und arbeiten vor allen Dingen selten im verlustreichen Leerlauf. Die Elektroarbeitsmaschine ist also im Betrieb wirtschaftlicher.

Durch diese Vorzüge — Wirtschaftlichkeit im Betrieb und weitgehende Anpassung an die Bedingungen der Arbeitsmaschine — findet der Einzelantrieb heute vorwiegend Verwendung. Zusammenfassend kann gesagt werden, daß Einzelantrieb immer bei folgenden Betriebsverhältnissen vorteilhaft ist:

1. Beschränkter Arbeitsplatz (z. B. enge Werkstätten);

2. Arbeitsmaschinen, die ortsbeweglich sein sollen oder häufig umgestellt werden müssen (z. B. Baumaschinen, landwirtschaftliche Maschinen);

3. Schnellaufende Arbeitsmaschinen (z. B. direkt gekuppelte Ventilatoren, Holzbearbeitungsmaschinen, Zentrifugen, Schleifscheibenantriebe);

4. Arbeitsmaschinen, die feinstufig geregelt werden sollen (z. B. Papiermaschinen, Textilmaschinen, Walzwerke, Hebezeuge);

5. Arbeitsmaschinen, die häufig umgesteuert werden müssen (z. B. alle Fahrwerke, Walzwerke, Hobelmaschinen);

6. Maschinen, die außerhalb der Betriebszeit laufen oder die besondere, wichtige Funktionen erfüllen sollen, bei denen sie unabhängig sein müssen (z. B. Sirenen, Fahrstühle).

δ) Mehrmotorenantrieb. Der Mehrmotorenantrieb ist die letzte Stufe der Elektroarbeitsmaschine und ist der eigentliche folgerichtig durchgeführte Einzelantrieb für Maschinen mit mehreren Arbeitstellen. Sieht man für alle Arbeitspindeln einen gemeinsamen Motor vor, so müssen die einzelnen Arbeitstellen an der Maschine noch über mechanische Abzweige, Getriebe usw. vom gemeinsamen Antrieb abgenommen werden. Beim Mehrmotorenantrieb jedoch hat jede Arbeitspindel oder Arbeitswelle und jedes Teil mit eigener unabhängiger Bewegung seinen besonderen Antrieb, wie Abb. 48 u. 49 zeigen. Das älteste Beispiel für Mehrmotorenantrieb gibt uns der Kranbau. Beim Laufkran wurden zunächst alle Arbeitsbewegungen — Kranfahren, Katzenfahren, Lastheben — von der durch einen Motor angetriebenen Hauptwelle aus über drei Wendegetriebe geführt. Der Kran hatte einen Motor und hieß deshalb Einmotorenkran. Die Kranbauer erkannten aber die dem „Einzelmotor" noch anhaftenden Mängel, und als es der Elektrotechnik gelungen war, genügend leistungs- und widerstandsfähige Motoren für den Fahrbetrieb herzustellen, ist man sehr frühzeitig (um 1895) zum Dreimotorenlaufkran übergegangen, obgleich die Anlagekosten wesentlich höhere waren. In den anderen Industrien kam man hierzu erst sehr viel später.

Die Vorzüge des Mehrmotorenantriebes gegenüber dem Einzelantrieb sind im wesentlichen die gleichen wie die des Einzelantriebs im Vergleich zum Ge-

Abb. 48. Mehrfach-Drahtziehmaschine mit Mehrmotorenantrieb,
jede Trommel einzeln angetrieben.

meinschaftsantrieb: Die Motoren laufen nur so lange, wie die Arbeitsperiode der angetriebenen Arbeitswelle dauert, es treten also keine Leerlaufverluste auf. Der Einzelmotor wird nur so groß, wie der vom ihm zu leistenden Arbeit entspricht. Der Kraftweg ist wieder verkürzt, Übertragungsgetriebe und die damit verbundenen Störungsmöglichkeiten sind also vermieden. Die Folge ist, daß der Gesamtwirkungsgrad besser wird, die Leistungsfähigkeit steigt und Ausbesserungen weniger oft nötig sind.

Während man vor wenigen Jahren noch eine Mindestleistung von etwa 3 kW als untere Grenze ansah, bis zu der herab ein eigener Antrieb lohne, geht man heute sowohl im Einzelantrieb als auch im Mehrmotorenantrieb bis zu den kleinsten Leistungen herunter, vorausgesetzt natürlich, daß eine entsprechende Ausnutzung gewährleistet ist. So werden beispielsweise Elektro-Spinnzentrifugen mit 70 W Einzelleistung in Anlagen zu mehreren tausend Einheiten ausgeführt. Stehen zwei oder mehrere einzeln angetriebene Arbeitsgänge in Abhängigkeit zueinander, so muß durch entsprechende Sicherungen, etwa durch mechanische oder elektrische Verriegelung der Steuerorgane, dafür gesorgt sein, daß Fehlschaltungen oder Fehlbewegungen unmöglich sind. Beispielsweise darf bei Werkzeugmaschinen der Vorschubantrieb nur arbeiten, wenn auch der Schnittantrieb eingeschaltet ist usf.

Selbstverständlich kann der Mehrmotorenantrieb nicht angewendet werden, wenn eine vollkommene geometrische Abhängigkeit zweier Bewegungen gefordert ist, z. B. beim Gewindeschneiden, Gewindefräsen, in der

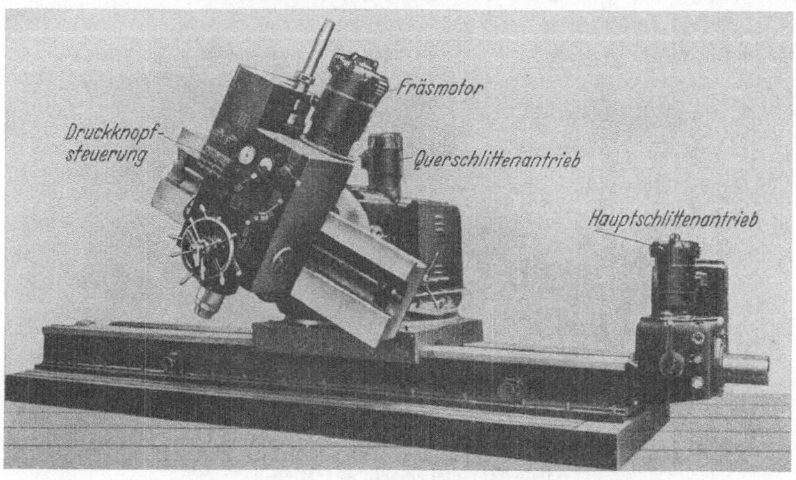

Abb. 49. Mehrmotorenantrieb eines Bohr- und Fräswerkes. Spindelmotor mit Strom- und Drehzahlmesser. Besondere Motoren für Vorschub- und Schnellverstellung von Haupt- und Querschlitten. Mit Druckknopfsteuerung (Schieß-Defries).

Zahnradherstellung u. a. m. Er kommt auch dann nicht in Frage, wenn keine genügende Ausnutzung der Anlage gegeben ist. So hat man z. B. die Demag-Wippkrane für Umladearbeiten auf Übersee-Motorfrachtschiffen mit nur je einem Elektromotor ausgerüstet, von dem aus alle Bewegungen angetrieben werden. Alle Umschaltungen auch die Drehrichtungsumkehr, erfolgen auf rein mechanischem Wege. Hier Einzelantrieb und nicht Mehrmotorenantrieb, wie sonst allgemein bei den Hebezeugen durchgeführt ist, weil dieser Frachter nur wenige Stunden braucht um seine Ladung zu löschen und neue Ware aufzunehmen, viele Tage oder gar Wochen aber auf See ist, wo die Verladeeinrichtungen stilliegen.

Der Mehrmotorenantrieb ist also am Platze, wenn mehrere getrennte Arbeitsorgane der Arbeitsmaschine anzutreiben oder mehrere unabhängige Bewegungen auszuführen sind. Für die Wirtschaftlichkeit dieser Antriebsart ist ein genügend günstiger **Belastungsfaktor** Voraussetzung. Eine allgemein gültige Grenze anzugeben, ist nicht möglich; es sind hier, ebenso wie bei der Auswahl der Motoren, viele Einflüsse gegeneinander abzuwägen, ehe eine Entscheidung gefällt werden kann.

3. Kupplung und Getriebe.

Das wichtige Verbinden von Antriebsmotor und Arbeitsmaschine übernimmt die Kupplung, deren sehr verschiedenartige Ausführungsformen in

Abb. 50. Schleifbock mit Schleifscheiben auf der Motorachse (Himmelwerke).

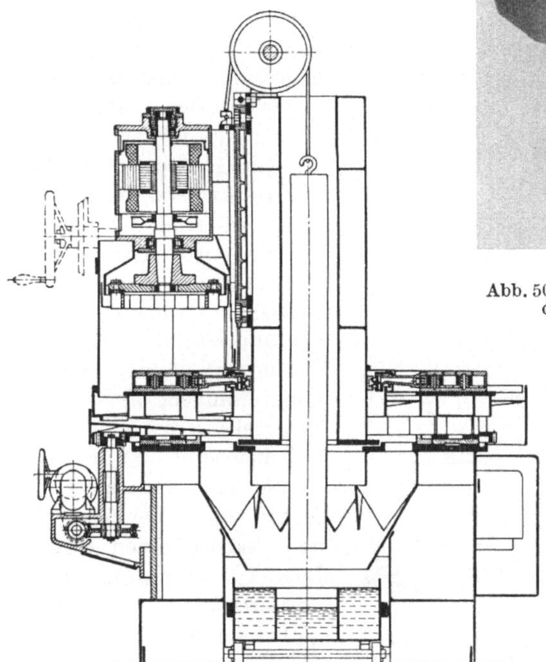

Abb. 51. Rundtischschleifmaschine (Diskus) mit Schleifmotor und Schleifscheibe auf einer gemeinsamen Welle.

vielen technischen Taschenbüchern zu finden sind und als bekannt vorausgesetzt werden können. Wir wollen hier nur das Grundsätzliche in der Kupplungsart betrachten.

α) Unmittelbare Kupplung. Haben Motor und Arbeitswelle die gleichen Drehzahlen, so können sie direkt gekuppelt sein, d. h. sie sind ohne Zwischenschaltung eines Getriebes oder Vorgeleges unmittelbar miteinander verbunden. Als einziges Kraftübertragungsorgan liegt zwischen beiden die Kupplung, aber selbst diese kann in manchen Fällen fortfallen, wenn nämlich Motorwelle und Arbeitswelle eins sind, beispielsweise bei dem Schleifbock Abb. 50 und der

Rundtisch-Schleifmaschine Abb. 51. Da die Kupplung meist keine eigene Lagerung erfordert, erfolgt die Kraftübertragung verlustlos, wenn man vom Reibungsverlust beim Anfahren mit Rutschkupplungen absieht. Die direkte

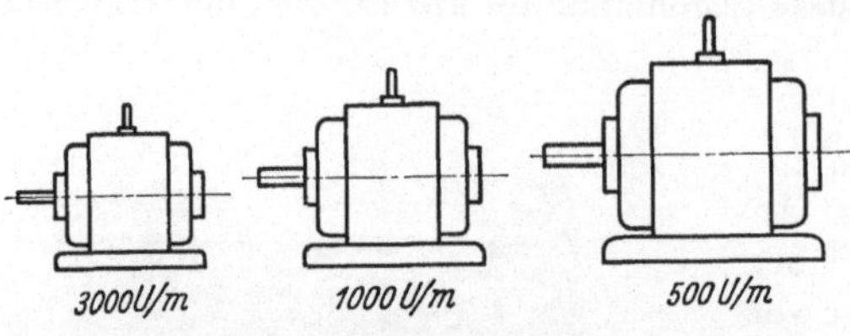

Abb. 52. Abmessungen von Drehstrommotoren mit Kurzschlußläufern gleicher Leistung, gleichen Fabrikats, aber verschiedener Drehzahl (Stahlmotoren der AEG).

Kupplung ist also zweifellos die beste Kraftübertragung und nach Möglichkeit anzustreben; ihre Anwendung hängt von der Drehzahl der Arbeitswelle und von den gegebenen baulichen Verhältnissen ab, wie die folgenden Betrachtungen zeigen sollen.

Die günstigsten Drehzahlen einer Arbeitsmaschine sind durch den Arbeitsprozeß gegeben. Sie können im allgemeinen nicht nach Wunsch geändert, also auch nicht den Drehzahlen des Motors unmittelbar angeglichen werden. Anders der Elektromotor, bei dem in weiten Grenzen eine Wahl der Drehzahlen möglich ist. Auf S. 10 sind die üblichen synchronen Drehstrommotor-Drehzahlen angegeben; die der Gleichstrommotoren liegen ähnlich, können jedoch, besonders in den höheren Umdrehungen, noch weiter unterteilt sein. Hat die Arbeitsmaschine nur eine Drehzahl, so kann der Motor leicht angepaßt werden; hat sie einen größeren Drehzahlbereich, so ist zu untersuchen, ob der Regelbereich des Motors hierfür genügt.

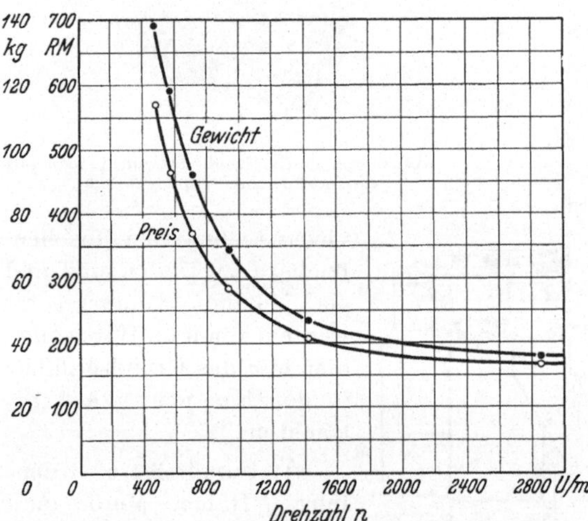

Abb. 53. Preise und Gewichte von Drehstrom-Kurzschlußläufermotoren für 4 kW, 220 V, am Beispiel eines bestimmten Fabrikats.

Der direkte Antrieb verlangt aber neben gleicher Drehzahl auch bauliche Anpassung an die Arbeitsmaschine, wenn er wirtschaftlich und ohne Schwierigkeiten ausführbar sein soll. Der Elektromotor muß vor allem in seiner Baugröße der Größe der angetriebenen Arbeitsmaschine entsprechen. Bei höheren Drehzahlen der Arbeitspindel ist dies leicht zu erreichen, da schnellaufende Motoren sich immer genügend klein bauen lassen (S. 11). Langsamläufer hingegen werden bei gleichen Leistungen wesentlich größer und schwerer und können nur Verwendung finden, wenn die Arbeitsmaschine entsprechend groß und schwer ist und besondere Betriebsanforderungen die Wahl des langsam laufenden, baulich größeren Motors rechtfertigen. In Abb. 52 und 53 sind Motoren gleicher Leistung, aber verschiedener Drehzahlen in ihren Abmessungen, Gewichten und Preisen gegenübergestellt. Sie zeigen folgende Verhältnisse:

Drehzahlen = 2850 : 1420 : 930 : 710 : 570 : 480 U/m,
         = 5,94 : 2,96 : 1,94 : 1,48 : 1,19 :   1.
Gewichte =   36 :   47 :   69 :   92 : 118 : 138 kg,
         =   1 : 1,3 : 1,92 : 2,56 : 3,28 : 3,84.
Preise   = 170 : 205 : 285 : 370 : 465 : 570 RM,
         =   1 : 1,2 : 1,68 : 2,17 : 2,73 : 3,35.

Abgesehen von den ziemlich erheblichen Preisunterschieden sind auch die Gewichte und die Abmessungen sehr verschieden; der langsam laufende Motor

Abb. 54. Walzwerk-Rollgangmotor. Geschlossener Drehstrom-Kurzschlußläufermotor, Mantel mit Kühlrippen.

wird bedeutend größer und schwerer und damit zur Verwendung für direkte Kupplung ungeeigneter. Die Grenze liegt bei etwa 1200 bis 1400 U/m. Die direkte Kupplung ist also gegeben bei schnellaufenden Arbeitsmaschinen, wie Schleifmaschinen, den meisten Holzbearbeitungsmaschinen, Zentrifugen,

Kreiselpumpen und Spinnereimaschinen. Die letzteren und die Holzbearbeitungsmaschinen müssen mit über 3000, teilweise bis zu 20 000 U/m laufen; es können dann bei unmittelbarer Kupplung nur Drehstrommotoren nach S. 32 oder feldregelbare Gleichstrommotoren verwendet werden.

β) **Mittelbare Kupplung.** In vielen Fällen läßt sich aber die Motordrehzahl den Arbeitsdrehzahlen nicht anpassen, oder es kann der Motor wegen seiner unverhältnismäßigen Größe bei gleicher Drehzahl wie die Arbeitsmaschine nicht gut in den Gesamtaufbau eingefügt werden. In diesem Falle wird zwischen Motor und Maschine eine Übersetzung geschaltet, wie Abb. 54 am Beispiel einer langsamlaufenden Arbeitsmaschine (Rollgang) zeigt. Bei einer einzigen Drehzahl der Arbeitswelle genügt ein einfaches Vorgelege oder Riemenübertragung, bei mehreren Drehzahlstufen ist ein Übersetzungsgetriebe erforderlich, wenn die Regelfähigkeit des Elektromotors zur Herstellung aller geforderten Drehzahlen nicht ausreicht oder kein Regelmotor verwendet werden kann.

Die mittelbare Kupplung hat natürlich infolge von Getriebeverlust oder Riemenschlupf einen schlechteren Wirkungsgrad, doch wird dies durch die bessere wirtschaftliche Ausnutzung und die

Abb. 55. Keilriemenantrieb (Flender) bei einem Fräswerk.

Wahl der in der Größe günstigeren, nämlich schneller laufenden Motoren wieder teilweise ausgeglichen. Riemenantrieb mit Spannrolle findet auch heute noch viel Anwendung. Dem einfachen Riemenantrieb wird neuerdings der Keilriemenantrieb vorgezogen, der infolge der Keilwirkung sichere Mitnahme gewährleistet, daher eine Spannrolle überflüssig macht und kurzen Achsabstand erlaubt. Abb. 55 zeigt den Keilriemenantrieb an einer Fräsmaschine. Für schwierigere Anlaufverhältnisse haben die Elektrofirmen sehr gute Riemenscheiben-Anlaßkupplungen entwickelt, die besonders bei Drehstrom-Kurzschlußläufermotoren sehr zweckmäßig sind.

Neben dem Riemenantrieb hat sich der Getriebemotor durchgesetzt, bei dem Motor und Vorgelege eine Einheit bilden. Getriebemotoren sind zwar um etwa die Hälfte teurer als schnellaufende Normalmotoren mit Riemenantrieb, haben aber den Vorzug äußerst gedrängter Bauart und können als reine Vorgelegemotoren fast so bequem angebaut werden, wie ein unmittelbar gekuppelter Motor. Außerdem haben sie keinen Riemenschlupf, gewähren also ein völlig sicheres Durchziehen. Abb. 56 zeigt zwei durch Getriebemotoren einzeln angetriebene Förderschnecken.

Der letzte Schritt in dieser Entwicklung ist der zusammen mit dem Getriebe in die **Arbeitsmaschine eingebaute** Motor, wobei alle drei eine geschlossene Einheit bilden. Als Beispiel zeigt Abb. 57 den Schnitt durch eine Förderbandtrommel mit eingebautem Außenläufermotor und Antrieb über ein Planetengetriebe. Die Ständerwicklung sitzt auf der feststehenden Achse, während der Kurzschlußanker als Außenläufer durchgebildet ist. Der Außenläufer treibt über ein Umlaufgetriebe die alles andere umschließende Fördertrommel mit untersetzter Drehzahl an. Solche Außenläufermotoren mit und ohne Getriebe finden auch in der Landwirtschaft

Abb. 56. Transportschnecke (H. Aug. Schmidt) mit Einzelantrieb durch Getriebemotoren.

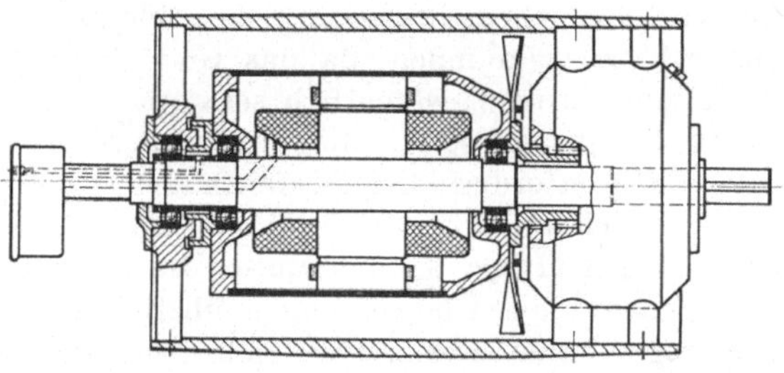

Abb. 57. Schnitt durch eine Förderbandtrommel mit Außenläufermotor (links) und Getriebe (rechts) (Himmelwerke).

und als Walzwerk-Rollgangantriebe Verwendung.

γ) Umschaltgetriebe. Bei den bisherigen Betrachtungen über mittelbare und unmittelbare Kupplungen war angenommen, daß die Arbeitsmaschine nur eine Drehzahl verlangt, oder daß die Regelfähigkeit des Elektromotors zur Herstellung der nötigen Drehzahlen genügt. Ist das jedoch bei den gegebenen Verhältnissen nicht zu erreichen, so ist zwischen Motor und Maschine ein echtes Übersetzungsgetriebe einzuschalten, das mehrere Übersetzungen zuläßt und nicht nur eine Vorgelegeübersetzung enthält. Wie auf S. 137ff. noch gezeigt werden wird, sollte man zwar zunächst versuchen, doch mit elektrischer Regelung allein durch Anordnung besser regelbarer Motoren auszukommen. Dies ist verhältnismäßig einfach, wenn Gleichstrom vorhanden ist und der sehr gut regelbare Gleichstrommotor eingebaut werden kann. Bei den heute meist vorhandenen Drehstromnetzen ist aber eine genügend weitreichende und feinstufige Drehzahlregelung nur mit großen Widerstandsverlusten oder durch Verwendung des teueren Kommutatormotors möglich (vgl. S. 44ff.) Es wird also doch sehr häufig noch mechanische Regelung erforderlich sein.

Die Regelung und damit die nötigen Übersetzungen richten sich nach der Eigenart der Arbeitsmaschine bzw. des Arbeitsvorganges, der entweder Drehzahlstufen oder stufenlose Drehzahlregelung verlangt. Dementsprechend sind Getriebe der einen oder der anderen Art zu verwenden. In der Mehrzahl der Fälle genügt ein Stufengetriebe, meist mit Zahnrädern, denen gegenüber die Riemen-Stufenscheiben fast ganz zurücktreten. Riemen-Stufenscheiben sind nur noch bei untergeordneten Antrieben und kleiner Leistung üblich, und auch da nur, wenn die Übersetzungsverhältnisse selten geändert werden (z. B. Antrieb kleinerer Werkstoffprüfmaschinen, kleiner Werkzeugmaschinen usw.).

Zahnradgetriebe sind vorherrschend; sie werden für jede Leistung und für alle praktisch vorkommenden Drehzahlen gebaut, und zwar mit 2 bis 20 Stufen und mehr bei beliebiger Abstufung der Übersetzungen. Natürlich wird man versuchen, immer mit dem kleinsten Getriebe und der geringsten Stufenzahl auszukommen, da das Getriebe mit steigender Größe nicht nur teurer, sondern auch wesentlich schwerer wird, mehr Platz beansprucht und eher zu Störungen neigt. Bei nicht regelbaren Motoren muß das Zahnradgetriebe alle erforderlichen Stufen haben.

Bei Schleifringläufermotoren mit Schlupfregelung genügt eine mittlere Übersetzungsstufung, da der Motor die stufenlose Feinregelung zwischen je zwei mechanischen Übersetzungen übernimmt. Da die Schlupfregelung eine Verlustregelung ist (S. 41), bei welcher der Verlust mit dem in den Läuferkreis eingeschalteten Widerstand und daher mit dem Drehzahlabfall wächst, sollte die Motorregelung hier möglichst eng gehalten werden und normalerweise nicht über etwa 10% der Nenndrehzahl betragen. Umgekehrt ist es beim polumschaltbaren Drehstrommotor. Hier können die Drehzahlen des Motors als Grobstufung aufgefaßt werden, während die dazwischenliegenden Feinabstufungen durch das Getriebe erfolgen. Eine stufenlose Motorregelung ist hier allerdings nicht möglich. Beim feldregelbaren Gleichstommotor (falls dessen großer Regelbereich bis 1:4 nicht ausreichen sollte) genügen meist zwei bis drei grob unterteilte Übersetzungsstufen, da die Regelung der Zwischenbereiche ja stufenlos vom Motor übernommen wird.

Einen Sonderfall stellen noch Arbeitsmaschinen dar, die für den Arbeitsprozeß selbst nur eine Drehzahl brauchen oder mit einem bestimmten, elektrisch leicht erreichbaren Drehzahlbereich auskommen, aber für die Einrichtung der Maschine mit einer ganz kleinen Geschwindigkeit gefahren werden müssen. Bei großen Maschinenanlagen, z. B. Papiermaschinen, wird während der Einrichtung ein Hilfsmotor benutzt, der über ein Reduktionsgetriebe den Hauptmotor und damit die Maschine entsprechend langsam durchdreht (Abb. 58). Fährt aber der Hauptmotor, so wird durch eine „Überholungskupplung" der Hilfsmotor und das Reduktionsgetriebe abgeschaltet. Bei mittleren und kleineren Maschinen läßt man den Antriebsmotor einfach während der Einrichtung über ein Vorgelege arbeiten.

δ) Stufenlose Getriebe. Erfordert der Arbeitsprozeß stufenlose Drehzahlregelung, und ist es nicht möglich, hierzu ein geeignetes elektrisches Regelverfahren anzuwenden, so können stufenlose mechanische Getriebe oder Flüssigkeitsgetriebe Verwendung finden. Abb. 59 zeigt eine Ausführung, bei der das stufenlose mechanische Reibrollengetriebe und

Abb. 58. Antrieb einer Tiefdruck-Rotationsmaschine mit Drehstrom-Nebenschlußmotor als Hauptantriebsmotor (22 kW) und Drehstrom-Asynchronmotor als Hilfsmotor zum Einrichten der Maschine (SSW.).

Abb. 59. Reibrollen-Reguliergetriebe mit rechts angeflanschtem Motor.

Moeller-Repp, Elektromotor und Arbeitsmaschine. 7

der rechts angeflanschte Motor zu einer Einheit zusammengefaßt sind. Reib-, Rollen- und Kettengetriebe, die stufenlose Regelung gestatten, z. B. Tellergetriebe, Reibscheibengetriebe, Kegelgetriebe, Polysiusgetriebe, PIV-Getriebe usw. sind schon seit langem bekannt. Man kann mit ihnen teilweise recht erhebliche Leistungen übertragen, doch übersetzen diese Getriebe oft nicht ganz gleichmäßig und arbeiten meist nur bei kleineren und mittleren Drehzahlen gut. Der Wirkungsgrad liegt zwischen 0,6 und 0,8, kann aber in günstigen Fällen bis 0,9 gebracht werden.

Flüssigkeitsgetriebe können einen großen und ideal feinstufigen Regelbereich haben, nur sind sie im Vergleich zu den anderen Getrieben noch sehr teuer. Sie sind hauptsächlich im Werkzeugmaschinenbau zu finden, doch sucht man sie auch anderenorts, z. B. als Getriebe für Fahrzeuge anzuwenden. Sie haben zweifellos eine große Zukunft, stehen aber augenblicklich noch in der Entwicklung, so daß es schwer ist, sie heute schon auf ihre allgemeine Verwendbarkeit zu beurteilen.

4. Steuerungen.

Die Entwicklung der elektrischen Antriebe und ihre vielseitige Anwendung hat zwangläufig auch eine fortschreitende Durchbildung der Schaltorgane mit sich gebracht. Beim Transmissionsantrieb wurde früher der Antriebsmotor vor Betriebsbeginn angelassen und blieb während der ganzen Arbeitszeit eingeschaltet, oder wenigstens so lange, als noch eine der gemeinschaftlich angetriebenen Maschinen arbeitete. Die Dauer des Anlaßvorganges war klein gegenüber der Laufzeit, wie es ähnlich heute nur noch im Dauerbetrieb vorkommt. Die Schaltapparate für diese Maschinen wurden deshalb stets von Hand bedient. Die Handbetätigung der Anlaßgeräte ist auch heute noch dort üblich und durchaus am Platze, wo die Schaltung einfach ist und nicht zu häufig angelassen oder geregelt werden muß.

Moderne Produktionsbetriebe aber, die die durch die Elektroarbeitsmaschine gegebenen Möglichkeiten — Regeln, Bremsen, Umsteuern — bis aufs letzte ausnutzen, steuern ihre Motoren fast ausschließlich durch elektromagnetisch betätigte Schaltapparate (Schützen), wodurch wesentliche Betriebsvorteile erzielt und manche Arbeitsgänge überhaupt erst möglich gemacht werden. Rückwirkend hat die Forderung nach selbsttätiger Steuerung natürlich dazu geführt, daß einfach steuerbare Elektromotoren, wie beispielsweise der Kurzschlußläufer und der Kondensatormotor, bevorzugt werden, teilweise sogar dann, wenn sie in ihren Betriebseigenschaften nicht ganz die anderer Motoren erreichen.

Die Schützensteuerung (S. 53) hat viele und oft sehr wesentliche Vorzüge:

1. Vereinfachung der Schaltbetätigung für den Bedienenden; es kann auch ungeschultes Personal eingesetzt werden.

2. Vermeidung von Schaltfehlern bei vollselbsttätigen Steuerungen.

3. Zeitersparnisse, da auch verwickelte Schaltvorgänge in kürzester Zeit und immer in schnellstmöglicher Folge ausgeführt werden.

4. Ersparnisse an Leerlaufkosten.

5. Entlastung des Bedienenden, der seine Aufmerksamkeit voll dem Arbeitsvorgang zuwenden kann.

6. Häufiges Schalten ist möglich, wie es durch handbetätigte Schalter nicht erreichbar ist.

7. Große Energien lassen sich leicht schalten.

8. Fernsteuerung ist ohne neue Zusatzgeräte sofort möglich.

9. Abhängigkeitsschaltungen, z. B. vom Pumpendruck, von der Wasserhöhe, von der Zeit, von bestimmten Endstellungen usw. lassen sich leicht ausführen.

10. Schaltvorgänge können von mehreren unabhängigen Stellen eingeleitet werden, z. B. von der linken und rechten Seite einer Hobelmaschine aus.

Diese Vorzüge, die damit verbundene Bequemlichkeit und nicht zuletzt die Verbilligung der einzelnen Aggregate haben dazu geführt, daß man heute auch einfachste Schaltvorgänge über Schützen steuert.

Die Steuerung der Schützen geschieht bei Hebezeugen meist unmittelbar durch eine sog. Meisterwalze oder einen Meisterschalter. Da diese Schaltorgane nur den schwachen Steuer- oder Befehlstrom führen, können sie sehr klein und leicht bedienbar ausgeführt werden. Bei den Maschinen der Stoffverarbeitung und den Aufzügen werden die Schützen in der Regel durch Betätigung eines Druckknopfes gesteuert, wobei wieder die Befehlströme unmittelbar oder aber auch über Hilfsrelais den gewünschten Schaltvorgang auslösen.

Die Druckknopfsteuerung ist am bekanntesten von den Aufzügen her, wo für jedes Stockwerk ein eigener Knopf vorhanden ist. Durch dessen Betätigung wird der Aufzugmotor eingeschaltet, und zwar derart, daß die Kabine von jeder Höhenstellung aus bis zu dem „gedrückten" Stockwerk fährt, gleichgültig ob es eine Auf- oder Abfahrt ist. Auch hier war es wieder eine Sondergruppe der Hebezeuge, die sehr frühzeitig die Verbesserungen in den elektrischen Schalteinrichtungen benutzt hat. Heute wird die Druckknopfsteuerung weitgehend verwendet, insbesondere bei den Maschinen der Faserstoffindustrie und im Werkzeugmaschinenbau (vgl. Abb. 99 u. 49).

Die einfachste Druckknopfschaltung besteht aus dem einen Knopf „Halt" und dient im allgemeinen nur dazu, in Gefahrfällen den Antrieb oder gegebenenfalls auch mehrere gleichzeitig sofort stillzusetzen, beispielsweise wenn jemand beim Transmissionsantrieb vom Riemen erfaßt wurde. Einfache Motorsteuerungen haben zwei Knöpfe: „Ein" und „Halt". Hierbei kann der Anlaßvorgang in einer einfachen Grobschaltung bestehen oder aber einen sog. Schützen-Selbstanlasser verwenden, der selbsttätig die Anfahrstufen durchschaltet. Der

„Halt"-Druckknopf hingegen kann den Motor lediglich abschalten oder aber auch zunächst elektrisch bremsen, um erst mit dem Stillstand den Strom zu unterbrechen. Ein dritter Knopf kann bei umschaltbaren Motoren für den Rücklauf vorgesehen werden.

Die bisher besprochenen Druckknopfsteuerungen lassen sich ziemlich einfach mit verhältnismäßig wenigen Steuerungsteilen ausführen. Umfangreicher werden die Apparate, wenn außerdem noch geregelt werden soll. Durch Niederdrücken des Knopfes „Ein-Schneller" oder „Vorwärts-Schneller" wird über einen kleinen Schaltmotor (Abb. 61, S. 105 im geöffneten Schaltschrank unten Mitte) beispielsweise die Felderregung eines Gleichstrom-Nebenschlußmotors so lange geschwächt, bis die gewünschte Drehzahl erreicht ist. Mit dem Loslassen des Knopfes bleibt dieser Zustand bis zur nächsten Schaltung erhalten. Die Universal-Druckknopfsteuerung hat meist die 4 Knöpfe:

„Vorwärts-Schneller",

„Rückwärts-Schneller",

„Langsamer",

„Halt".

Zum Einrichten der Maschinen werden häufig Tippschalter vorgesehen, bei denen der Motor mit geringer Geschwindigkeit (Schleichgeschwindigkeit) nur dann bzw. nur so lange läuft, als der Druckknopf niedergehalten — „getippt" — wird. Beim Loslassen hält die Maschine sofort in jeder gewünschten Stellung an. An Stelle der Druckknöpfe versucht man neuerdings verschiedentlich den Einhebel-Steuerschalter Abb. 60 zu verwenden, der den Schaltgriff noch erleichtern soll, damit der Bedienende nicht erst den richtigen Druckknopf suchen muß, sondern seine Aufmerksamkeit ungeteilt dem Arbeitsvorgang zuwenden kann. Die Bewegungen des Einhebel-Steuerschalters sind sinnfällig; beispielsweise werden mit den senkrechten Hebelstellungen die entsprechenden Bewegungen des Hubmotors, durch die waagerechten Stellungen die Bewegungen des Bohrmotors einer Radial-Bohrmaschine eingeleitet.

Abb. 60. Einhebelsteuerschalter (SSW).

Die Schützensteuerungen führen aber nicht nur gewollte Schaltungen oder Abhängigkeitsschaltungen durch, sondern schützen auch den Motor durch besondere Wächter, wie Stromwächter, Spannungswächter, Bremswächter u. a. m. vor unzulässigen Überlastungen, Erwärmungen usw. Bei den oft sehr großen Schalthäufigkeiten — bis tausendmal in der Stunde — sind die Kontaktstellen einem gewissen Verschleiß unterworfen, der außerdem noch durch Abbrand vergrößert wird. Es ist wichtig, daß diese Verschleißteile leicht ausgewechselt werden können, um bei einer notwendig gewordenen Erneuerung nicht den ganzen Antrieb unnötig lange stillegen zu müssen.

b) Elektromotoren für die Maschinen der Stoffverarbeitung.

Wir haben erkannt, daß der Antrieb möglichst alle Forderungen erfüllen muß, die eine Arbeitsmaschine bei gegebenem Arbeitsablauf an ihn stellt. Hierbei handelt es sich immer um die Beherrschung der beiden wichtigen Faktoren Drehmoment und Drehzahl, die je nach ihrer Größe und Zusammengehörigkeit die unterschiedlichsten Betriebszustände ergeben und dadurch die verschiedenartigsten Anforderungen an die Arbeitsmaschinen stellen.

Die Drehzahl ist bestimmt durch die Arbeitsgeschwindigkeit und den Arbeitsweg. Z. B. wird die Drehzahl der Drehbankspindel ermittelt aus der Schnittgeschwindigkeit und dem Drehdurchmesser, oder die Drehzahl einer Hubwerksseiltrommel aus Hubgeschwindigkeit und Trommeldurchmesser, die Kranraddrehzahl aus Fahrgeschwindigkeit und Raddurchmesser.

Das Drehmoment ist bestimmt durch den Arbeitswiderstand und den zugehörigen Hebelarm. Schnittdruck und Werkstück-Halbmesser ergeben beim Drehen das Drehmoment, Last und Trommelhalbmesser das Hubmoment, Fahrwiderstand und Radhalbmesser das Fahrmoment.

Wenn hier von Drehmoment und Drehzahl gesprochen wird, so sind damit zunächst die Werte an der Arbeitstelle selbst gemeint (z. B. am Werkstück, an der Last usw.); unabhängig davon können Drehzahl und Moment des Motors ganz andere Größen haben, die sich durch beliebige Übersetzungen ergeben. Unverändert bleibt dabei, abgesehen von Verlusten, allein die Leistung, d. h. das Produkt aus Drehmoment und Drehzahl.

1. Notwendigkeit nahezu gleichbleibender Drehzahl.

Betrachten wir nun den Drehvorgang, so ist bekannt, daß die wirtschaftlichsten Schnittgeschwindigkeiten Erfahrungswerte sind, die im wesentlichen vom Spanquerschnitt, vom Werkstoff des Werkstückes und des Werkzeuges abhängen, nicht aber — oder ganz unwesentlich — vom Schnittdruck bzw. vom Drehmoment. Der Antrieb einer Drehbank verlangt also beim Längsdrehen während einer Schnittperiode für einen bestimmten Durchmesser, bestimmten Spanquerschnitt usw. eine bestimmte gleichbleibende Drehzahl, die sich auch bei Schwankungen des Schnittdruckes nicht ändern soll. Die gleiche Eigenschaft muß der Antriebsmotor besitzen; er soll die verschiedensten Drehmomente hergeben können, ohne dabei seine Drehzahl wesentlich zu ändern, er muß also ebenfalls gleichbleibende Drehzahl haben.

Noch besser läßt die Zentrifuge die Bedeutung der gleichbleibenden Drehzahl erkennen. Bei der Milchzentrifuge z. B. soll aus dem Gemisch Milch durch

Zahlentafel 4. Eigenschaften

Lfd. Nr.	Motor	Drehzahlverhalten	Drehzahlregelung	
			verlustlos	unter Verlusten
1	Gleichstrom-Nebenschlußmotor	Nebenschluß	1. Feldschwächung 2. Spannungsänderung (z. B. Leonardschalt.)	Regelanlasser
2	Drehstrom-Asynchronmotor mit Kurzschlußläufer	Nebenschluß	Polumschaltung (nur Drehzahlstufen)	—
3	Drehstrom-Asynchronmotor mit Schleifringläufer	Nebenschluß (mit Läuferwiderstand Doppelschluß)	1. Polumschaltung 2. Kaskadenschaltung	Regelanlasser im Läufer
4	Einphasen-Asynchronmotor (Induktionsmotor)	Nebenschluß	Polumschaltung	—
5	Drehstrom-Nebenschlußmotor	Nebenschluß	Bürstenverschiebung	—
6	Synchronmotor	völlig konstante Drehzahl	Nur Frequenzänderung	—
7	Gleichstrom-Reihenschlußmotor	Reihenschluß	1. Feldschwächung 2. Spannungsänderung	Regelanlasser
8	Einphasen-Reihenschlußmotor	Reihenschluß	Anlaßtransformator	Regelanlasser
9	Repulsionsmotor	Reihenschluß	1. Anlaßtransformator 2. Bürstenverschiebung	Regelanlasser
10	Drehstrom-Reihenschlußmotor	Reihenschluß	1. Bürstenverschiebung 2. Regeltransformator	—
11	Gleichstrom-Doppelschlußmotor	Doppelschluß	1. Feldschwächung 2. Spannungsänderung	Regelanlasser

von Elektromotoren[1]).

Anlassen	Anlaufmoment	Änderung der Drehrichtung	Bemerkungen
1. Grobschaltung 2. Anlaßwiderstand 3. Hochfahren mit der Spannung	Begrenzt durch Stromstärke (Kommutierung, Motorschutz)	Umpolen von Anker oder Erregung	
1. Grobschaltung 2. Stern-Dreieckumschaltung 3. Anlaß-Transformator	Mäßig. Verbesserung durch Sonderläufer	Vertauschen von zwei Ständeranschlüssen	$\cos \varphi$ bei Teillast gering
Läuferanlasser	Bis Kippmoment	Vertauschen von zwei Ständeranschlüssen	$\cos \varphi$ bei Teillast gering
1. Anwerfen 2. Anlaßkondensator	1. Null 2. Je nach Größe des Kondensators	1. Je nach Anwurfrichtung 2. Klemmenvertauschung	
Bürstenverschiebung	Begrenzt durch Stromstärke	Umschaltung	
1. Anwurfmotor 2. Durch besonderen Anlaufkäfig	Gering	Vertauschen von zwei Ständeranschlüssen	$\cos \varphi = 1$
1. Grobschaltung 2. Anlaßwiderstand 3. Hochfahren mit der Spannung	Begrenzt durch Stromstärke	Umpolen von Anker oder Erregung	
1. Grobschaltung 2. Anlaßwiderstand 3. Anlaßtransformator	Begrenzt durch Stromstärke	Umpolen von Anker oder Erregung	
1. Grobschaltung 2. Anlaßwiderstand 3. Anlaßtransformator 4. Bürstenverschiebung	Begrenzt durch Stromstärke	1. Umschaltung 2. Bürstenverschiebung	
1. Bürstenverschiebung 2. Regeltransformator	Begrenzt durch Stromstärke	Umschaltung	
1. Grobschaltung 2. Anlaßwiderstand 3. Hochfahren mit der Spannung	Begrenzt durch Stromstärke	Umpolen von Anker oder Erregung	

Für die Abbildungen vgl. S. 156.

Ausschleudern der Rahm von der Magermilch getrennt werden. Zur Trennung bedarf es einer bestimmten, ziemlich großen Schleuderkraft, damit die verschiedenen spezifischen Gewichte der beiden Flüssigkeiten zur Wirkung kommen. Dieser Schleuderkraft entspricht eine bestimmte Schleudertrommel-Drehzahl, die unabhängig von der Größe der Füllmenge, also vom Drehmoment, während des Arbeitsganges möglichst unverändert bleiben soll. Also auch hier hat der Elektromotor unabhängig von verschiedenen möglichen Belastungen und Belastungsschwankungen die Arbeitsmaschine immer mit gleichbleibender Drehzahl anzutreiben.

Was wir hier am Beispiel der Drehbank und der Milchschleuder als notwendig erkannt haben, verlangen mit Ausnahme der Schwungradantriebe alle Maschinen der Werkstoffverarbeitung, also die Arbeitsmaschinen im engeren Sinne wie Werkzeugmaschinen, Holzbearbeitungsmaschinen, Textilmaschinen, Papiermaschinen, Mühlen und viele andere mehr. Jeder technologische Vorgang verläuft erfahrungsgemäß bei einer bestimmten Arbeitsgeschwindigkeit am günstigsten, unabhängig von der Belastung und von der Stoffmenge. Das heißt aber: die Drehzahl soll gleichbleiben, auch wenn sich das Drehmoment im Laufe einer gewissen Zeit oder einer Arbeitsperiode ändert.

Die Maschinen der Stoffverarbeitung verlangen also gleichbleibende Drehzahl. Die Arbeitsgeschwindigkeit und damit die Drehzahl sollen sich unabhängig von schwankender Belastung auf gleicher Höhe halten. Die Drehzahl soll weder bei Belastungsanstieg merklich sinken, noch bei Belastungsabfall merkbar steigen.

Diese Forderungen für den Antrieb erfüllen am besten die Elektromotoren mit Nebenschlußverhalten. Ihre Drehzahl fällt auch bei hoher Belastung nur um wenige Hundertteile ab, was für den größten Teil der Arbeitsmaschinen ohne weiteres zulässig ist. Größere Widerstände der Arbeitsmaschinen überwinden diese Motoren durch größere Drehmomente ohne wesentlichen Drehzahlabfall, also durch Abgabe erhöhter Leistung.

Die Zahlentafel 4 auf S. 102, 103 gibt eine Übersicht über die gebräuchlichsten Motoren nebst Hinweisen auf ihr Verhalten, ihre Regelbarkeit und ihre Belastbarkeit. Im folgenden werden die für den Antrieb mit gleichbleibender Drehzahl geeigneten Motoren an ausgeführten Beispielen besprochen und ihre Vorzüge und Verwendungsmöglichkeiten dargelegt.

2. Gleichstrom-Nebenschlußmotor.

Abb. 61 zeigt den Spindelstock einer großen Drehbank mit einem 30 kW-Gleichstrom-Nebenschlußmotor. Der Motor ist durch Feldschwächung regelbar von 500 bis 1500 U/m, also im Verhältnis 1:3, wobei die niedrigste Drehzahl (500 U/m) als Grunddrehzahl anzusehen ist. Sie bestimmt Motorgröße und Motorgewicht (vgl. Abb. 52 u. 53). Die Gleichstrom-Nebenschlußmaschine ist

als Motor einer der vollkommensten Antriebe für Werkzeugmaschinen aller
Art. Die Drehzahlregelung durch Feldschwächung geschieht praktisch verlustlos und stufenlos (S. 35) und bei gleichbleibender Leistung (vgl. Abb. 21).
Wichtig ist, daß die Regelung auch während des Laufes der Maschine erfolgen
kann, was z. B. beim Plandrehen, beim Abdrehen von Absätzen, beim Schälen
der Holzstämme usw. von Bedeutung ist. Der Gleichstrommotor kann durch

Abb. 61. Antrieb einer schweren Drehbank durch einen regelbaren Gleichstrom-Neben-
schluß-Wendemotor von 30 kW. Druckknopfsteuerung, Steuerschrank geöffnet.

Umpolung ohne Schwierigkeiten in der Richtung umgekehrt werden und
läßt sich endlich durch Ankerkurzschluß und in anderer Weise leicht bremsen.
Die Bremswirkung ist bei hoher Geschwindigkeit sehr groß, klingt aber mit dem
sinkenden Bremsstrom (Kurzschlußstrom) rasch ab. Um einerseits den An-
fangsbremsstoß nicht zu groß werden zu lassen und damit das Getriebe durch
Fernhalten zu starker Stöße zu schonen, wird oft in zwei oder drei Stufen kurzgeschlossen. Um andererseits die Endbremsung genügend kräftig zu gestalten,
wird bei sinkenden Drehzahlen das Feld verstärkt (S. 60). Hierdurch wird ein
rasches aber doch nicht hartes Abbremsen des Motors erreicht.

　　Leider sind mit dem Gleichstrom-Nebenschlußmotor, überhaupt mit der
Gleichstrommaschine als einem Kommutatormotor, auch erhebliche Nachteile

verbunden. Zunächst ist dieser Motor wegen des Stromwenders wesentlich
teurer als die einfacheren Drehstrom-Kurzschluß- und Schleifringmotoren.
Auf S. 19 wurde ein mittleres Preisverhältnis von 1:1,5:2 für Kurzschluß-,
Schleifring- und Gleichstrommotor genannt. Dazu kommen die höheren In-
standhaltungskosten für den Stromwender, die neben den Kosten für Bürsten-
ersatz und Kollektornacharbeiten auch durch die notwendige erweiterte Überwachung bedingt sind. Der Preis allein ist aber keineswegs von entscheidender
Bedeutung, da die Mehrkosten der Gleichstrommaschine bei weitem schon
durch die gute Regelfähigkeit ausgeglichen werden.

Unangenehm ist ferner die Tatsache, daß der Gleichstrommotor gegenüber
dem Asynchronmotor verwickeltere Schalt- und Steuerorgane benötigt und damit die Bedienung nicht so einfach wird. Die Regelung erfordert zur Betätigung
der Schaltapparate für die verschiedenen Bewegungsvorgänge erhöhte Aufmerksamkeit, die den Bedienenden von seiner eigentlichen Aufgabe mehr oder
weniger ablenken würde. Hier bringen die in den letzten Jahren im Werkzeugmaschinenbau sehr viel angewendeten Schützensteuerungen eine wesentliche Erleichterung, allerdings auch eine weitere Verteuerung. Bei einfachen
Ein- und Ausschaltschützen sind die Mehrkosten nicht wesentlich; bei vollselbsttätigen Steuerungen hingegen mit motorisch betätigten Reglern und Anlassern, Abhängigkeiten und Sicherheitseinrichtungen können die Kosten für
eine solche Automatik die Kosten für den Motor erreichen und auch noch über-
steigen. Diese Einrichtungen sind deshalb nur für entsprechend hochwertige
Arbeitsmaschinen am Platze, wie es allerdings die Werkzeugmaschinen durchweg sind.

Die Drehbank Abb. 61 zeigt den geöffneten Steuerungsschrank. Zur Aus-
rüstung gehören noch — auf dem Bild nicht sichtbar — die auf der Vorderseite
der Bank am Spindelstock, Werkzeugschlitten und Reitstock befindlichen
Druckknopf-Schalttafeln und außerdem Strom- und Spannungsmeßgerät und
Drehzahlmesser. Neben den üblichen Druckknöpfen für Ein- und Ausschalten,
bzw. für Hinauf- und Herabregeln, Halten (Bremsen) und Wenden, haben
solche großen Maschinen meist einen besonderen Tippschalter für geringe Ar-
beitsgeschwindigkeiten zum Einrichten.

Endlich bietet die Verwendung von Gleichstrommotoren noch die bekannte
Schwierigkeit, daß meist nur Drehstrom vorhanden ist. Der Wunsch aber,
auch bei Drehstromnetzen leicht regelbare Motoren zu haben, hat einerseits
zur Verwendung von Gleichrichtern, andererseits zu weitgehender Durchbildung
besonders des Drehstrom-Nebenschlußmotors geführt.

Unsere Betrachtungen zeigen, wo man heute Gleichstrom-Nebenschlußmotoren verwendet oder verwenden kann: grundsätzlich zunächst in allen Betrieben,
in denen neben gleichbleibenden Drehzahlen auf gute Regelbarkeit des Antriebes
Wert gelegt wird. Führt das Netz Gleichstrom, so bieten sich keine Schwierig-

keiten. Hat das Werk eigene Dampfkraft, beispielsweise in Industrien mit großem Heizdampfverbrauch (Zellstofffabriken, Papierfabriken, Chemische Fabriken) oder großem Abfall an Brennstoffen (Holzindustrie), so kann in eigenen Kraftzentralen mit Entnahme- oder Gegendruckmaschinen ebenfalls leicht Gleichstrom erzeugt werden. Werke ohne eigene Kraftanlage, die an Drehstromnetze angeschlossen sind, werden bei großem Energiebedarf den Gleichstrom am wirtschaftlichsten in Umformern oder Gleichrichtern, bei geringem Energiebedarf nur in Gleichrichtern erzeugen. Für Sonderfälle sei darauf hingewiesen, daß es heute auch benzinelektrische Kraftanlagen bis zu kleinen Einheiten auf dem Markte gibt (sog.

Abb. 62. Benzinelektr. Hauszentrale für 4,5 kW Gleichstromleistung mit luftgekühltem Zwei-Zylinder-Antriebsmotor 1500 U/m (SSW.).

Hauszentralen, Abb. 62), die preiswert in der Anschaffung sind und wirtschaftlich arbeiten.

3. Wechselstrommotoren.

α) Einphasen-Induktionsmotor. Der Einphasen-Induktionsmotor ist ein ausgesprochener Kleinmotor, der in Landwirtschaft, Kleingewerbe und Haushalt vielseitigste Verwendung findet. Da er in seinem Aufbau dem Drehstrom-Kurzschlußläufermotor sehr ähnelt, ist er wie dieser wegen seiner Einfachheit kaum Störungen ausgesetzt. Da bei ihm ebenfalls außer den Lagern und eventuell einem Fliehkraftschalter keine dem Verschleiß unterworfenen Teile vorhanden sind, benötigt auch er so gut wie keine Wartung.

Abb. 63. Laden-Fleischwolf des Alexanderwerks mit SSW-Einphasen-Kondensatormotor 0,25 kW, 1500 U/m, umschaltbar von 110 auf 220 V, mit im Gehäusefuß eingebautem Kondensator.

Bei dem selbstanlaufenden Einphasen-Induktions-Kondensatormotor wird der Anlaufkondensator kurz nach dem Anlauf von Hand oder besser selbsttätig durch Fliehkraftschalter wieder abgeschaltet; der Betriebskondensator bleibt immer eingeschaltet. Kleinere Kondensatoren sind meist im Motorgehäuse untergebracht, größere werden getrennt angeordnet. Abb. 63 zeigt einen Fleischwolf mit Einphasen-Kondensatormotor, umschaltbar von 110 auf 220 V. Der Konden-

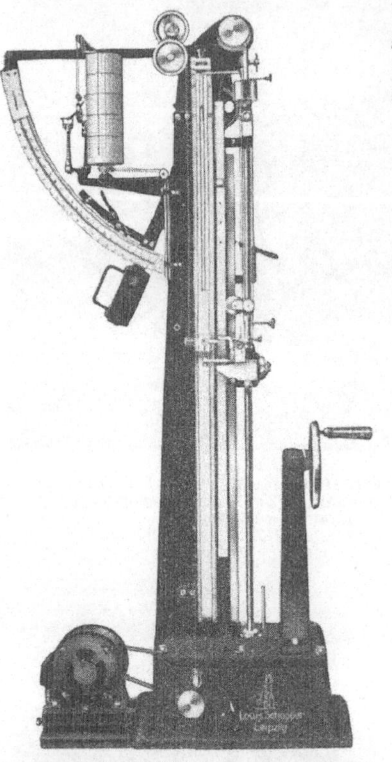

Abb. 64. Antrieb einer Kautschuk- und Textil-Zerreißmaschine (L. Schopper) durch Einphasen-Induktionsmotor mit Anlaufkondensator und Fliehkraftschalter.

Abb. 65. Anwurfseite einer Stiftendreschmaschine mit Siebschüttler, angetrieben durch Einphasen-Anwurfmotor 0,9 kW.

sator ist im Gehäusefuß eingebaut. Abb. 64 zeigt den Antrieb einer Gewebe-Zerreißmaschine mit Kondensatormotor; der Anlaufkondensator ist im Motorgehäuse eingebaut und wird nach Anlauf durch einen auf der Motorwelle sitzenden Fliehkraftschalter abgeschaltet.

Beim Einphasen-Induktions-Anwurfmotor nach S. 57 wird die Bewegung meist von Hand eingeleitet; oft genügt ein kurzes Ziehen am Riemen oder Drehen an Riemenscheibe oder Schwungrad; beim Beschleunigen größerer

Massen ist jedoch Andrehen mit einer Kurbel oder mit einer Anwurfvorrichtung erforderlich. Es wird dabei kein nennenswerter Kraftaufwand benötigt, und das Anwerfen ist hier einfacher als beispielsweise das Ankurbeln von Brennkraftmaschinen.

Der Anwurfmotor ist im Aufbau noch einfacher als der Kondensatormotor. Da Kondensator und Fliehkraftschalter fehlen, kostet er nur etwas über die Hälfte des selbständig anlaufenden Einphasen-Induktionsmotors. Der Anwurfmotor eignet sich deshalb gut für kleinere Antriebe, die keine Regelbarkeit erfordern und nicht so häufig angelassen werden müssen. Er wird ebenfalls gerne im Kleingewerbe und in der Landwirtschaft verwendet. Zweckmäßig ist die Absicherung des Motors mit einem einfachen Sicherungsautomaten, der den Motor wieder abschaltet, wenn nach dem Einschalten versehentlich nicht angeworfen wird, oder wenn nach Ausbleiben der Netzspannung diese wiederkehrt. Abb. 65 zeigt als Beispiel eine Dreschmaschine mit Siebschüttler nebst der Anwurfkurbel für den 0,9 kW-Anwurfmotor.

β) Drehstrom-Asynchronmotor. Da alle Drehstrom-Asynchronmotoren gleichbleibende und von der Belastung fast unabhängige Drehzahl haben, eignen sie sich gut zum Antrieb der Maschinen der Werkstoffverarbeitung. Auch der Drehstrom-Schleifringläufermotor hat normalerweise Nebenschlußverhalten; nur beim Anlassen und beim Regeln auf niedrigere Drehzahlen, wobei durch Einschalten von Widerstand in den Läuferstromkreis der Schlupf vergrößert wird, zeigt er Doppelschlußverhalten.

Für Antriebe, die keine besonderen Anforderungen an Regelbarkeit stellen und wo das Netz Grobschaltung oder wenigstens Stern-Dreieck-Umschaltung erlaubt, wird heute überwiegend der Drehstrom-Kurzschlußläufermotor verwendet. Da er nicht nur einer der billigsten, sondern auch einer der betriebssichersten Elektromotoren ist und geringste Wartung beansprucht,

Abb. 66. Fahrbare Sandschleudermaschine für Formsandaufbereitung (Bad. Masch.-Fabr. Durlach).

eignet er sich wegen der Einfachheit seiner Steuer- und Anlaßgeräte auch besonders für selbsttätige und ferngesteuerte Anlagen. Er wird deshalb weitgehend bevorzugt und ist heute der wichtigste Antriebsmotor. Trotzdem wird noch in sehr vielen Fällen der teurere und weniger einfache Schleifringläufermotor an Stelle des Kurzschlußläufers verwendet, wenn nämlich die direkte Einschaltung mit Rücksicht auf Spannungsschwankungen im Netz nicht möglich ist oder die Arbeitsmaschine keine Grobschaltung und schnelles Hochlaufen erlaubt, sondern einen langsamen Anlauf fordert.

Die folgenden Abb. 66 bis 75 zeigen einige mit Drehstrom-Kurzschlußläufermotoren ausgerüstete Antriebe. Die fahrbare Sandschleudermaschine Abb. 66 ist gleichzeitig ein Beispiel für Einzelantrieb, direkte Kupplung und Ortsbeweglichkeit. Der gebrauchte Formsand muß nicht erst zu der entfernt lie-

Abb. 67. Großer Schraubenradlüfter, angetrieben durch offenen Drehstrom-Stahlmotor (AEG.).

Abb. 68. Einzelantrieb von 4 Saftpumpen einer Zuckerfabrik durch spritzwassergeschützte Kurzschlußläufermotoren von je 30 kW, 1450 U/m.

genden Sandaufbereitung gebracht und von dort wieder geholt werden, sondern die Sandaufbereitungsmaschine wird zum Formplatz gefahren, der Formsand an Ort und Stelle aufgearbeitet und der Formmaschine sofort wieder zugeführt. Hierdurch werden nicht nur Beförderungskosten gespart, sondern es ist damit auch ein erheblicher Zeitgewinn verbunden. Der Motor der Sandschleudermaschine muß selbstverständlich gegen Sandeinfall geschützt sein, während der Stahlmotor des Schraubenlüfters Abb. 67 offen ist. Der Ventilatormotor wird ja höchstens verstauben, wobei er als offener Motor durch Ausblasen am einfachsten und leichtesten gereinigt wird.

Die Motoren der Abb. 68 stehen mit ihren Pumpen auf einer gemeinsamen

Grundplatte. Sie sind spritzwassergeschützt oder
mindestens tropfwassergeschützt, wie fast alle Motoren der Nahrungs- und Genußmittelindustrie, die
meist durch Abspritzen mit einem Schlauch gereinigt
werden. Außerdem ist bei Aufstellung der Motoren
in den feuchten Betriebsräumen Sonderisolation erforderlich. Bei Wasserbauten, Grundwasserabsenkun-
gen usw. müssen die Pumpenmotoren oft als sog.
Tauchmotoren unter Wasser arbeiten. Trotzdem
diese vollständig geschlossen sind, sind sie nicht ganz
dicht. Durch das „Atmen" des Motors beim Abkühlen nach dem Stillstand infolge des im Inneren
befindlichen Unterdruckes wird Wasser durch die
Wellenabdichtung eingesaugt und greift die Wicklungen an. Man konnte sich bisher nur dadurch helfen, daß man das Motorinnere unter Öl- oder Luftdruck setzt. Das Verfahren erfüllt wohl seinen Zweck,
macht jedoch eine ständige Wartung der Pumpen
nötig. Abb. 69 zeigt eine Unterwasserpumpe der Ziehl-
Abegg-Werke, die diese Dichtungsschwierigkeiten
zu umgehen versucht. Als Antrieb ist ein Nieder-
spannungsmotor vorgesehen, der außen und innen
von Wasser umspült wird. Unmittelbar über dem
Motor sitzt der Transformator, dessen Hochspan-
nungsteil gut abgedichtet ist, also mit dem Wasser
niemals in Berührung kommt, während der Nieder-
spannungsteil gleich zur Ständerwicklung des Motors
verlängert ist. Neuerdings versteht man sogar die
Statorwicklung so gut zu isolieren, daß sie auch beim
Anlegen an die volle Spannung dem Angriff des
Wassers standhält.

Die Kurzschlußläufermotoren werden im allgemeinen direkt eingeschaltet oder in Stern-Dreieck-
Umschaltung angelassen. Diese vermeidet zwar
den hohen Anfahrstoßstrom der Grobschaltung, es
wird damit aber auch das Anfahrmoment entsprechend herabgesetzt, so daß praktisch fast nur Leer-

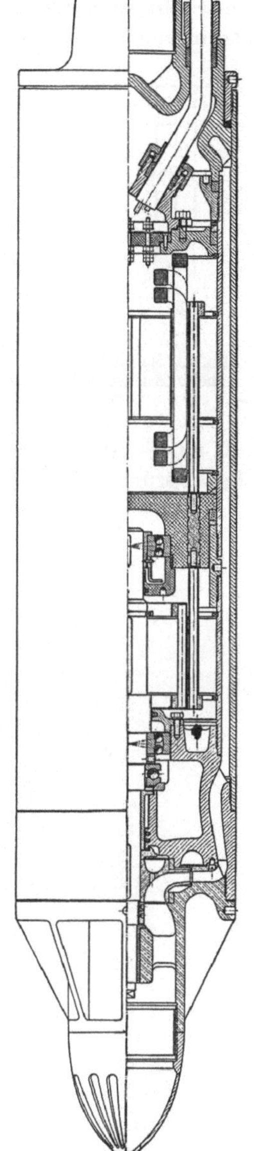

Abb. 69. Zentrifugalpumpe (unten), angetrieben durch Kurzschluß-
läufer-Tauchmotor (Mitte) mit Transformator (oben), 150 m Druckhöhe
bei 3000 U/m und 7,5 kW Leistung (Ziehl-Abegg-Werke).

anlauf möglich ist (S. 54). Der Motor wird in Sternschaltung hochgefahren und dann erst der Anlasser auf Dreieckschaltung umgelegt. Der Überschaltstrom von Stern auf Dreieck ist meist höher als der Einschaltstrom und kann unzulässig hoch werden, wenn nicht im richtigen Augenblick, d. h. wenn zu früh umgeschaltet wird. Besonders ungünstig wird hier die Stern-Dreieck-Umschaltung, wenn mit teilbelastetem Motor anzufahren ist. Es kann dann wegen des geringen Drehmomentes der Sternschaltung nicht die Betriebsdrehzahl erreicht werden, sondern man muß schon bei etwa 85% umschalten (vgl. Abb. 32). Dabei steigen Strom und Drehmoment plötzlich

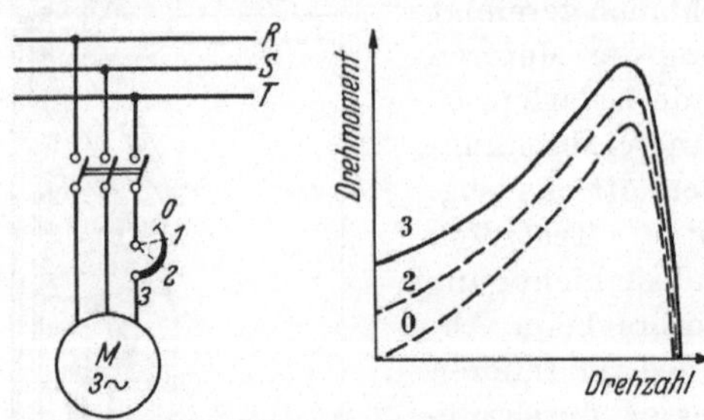

Abb. 70. Schaltbild und zugehörige Momentenkurven beim Anlassen des Kurzschlußläufermotors mit Widerstand in einer Phase.

auf das 5- bis 6fache, was bei diesen hohen Geschwindigkeiten eine sehr starke Beanspruchung der Übertragungsorgane, insbesondere bei Getrieben, hervor-

Abb. 71. Antrieb eines verschiebbaren Stahlzylinder-Transportbandes durch eine Elektrotrommel (SSW).

ruft. Für Lastanlauf ist daher im Hinblick auf Kupplung und Getriebe u. U. direkte Einschaltung zweckmäßiger. Für das Anlassen großer Motoren ist das Anfahren mit Anlaßtransformator geeignet, das S. 57 ausführlich beschrieben ist.

Wird in besonderen Fällen Wert darauf gelegt, langsam und mit geringer Beschleunigung anfahren zu können, so ist dies durch Anordnung eines regelbaren Widerstandes in einer der drei Drehstromphasen möglich. Abb. 70 zeigt Schaltungsschema und Momentenkurven für verschiedene Widerstände. Je nach dem eingeschalteten Widerstand kann das Drehmoment von 0 bis zum Betriebsdrehmoment gesteigert werden. Bei großem Widerstand hat der Motor annähernd die Eigenschaften des Einphasen-Induktionsmotors (S. 57). Nach dem Hochlauf wird der Widerstand ganz ausgeschaltet. Das Anlaßverfahren

Abb. 72. Brauereimaschinenantrieb durch vierfach polumschaltbare Drehstrommotoren für 500/750/1000/1500 U/m (SSW).

erlaubt auch Langsamlauf für kurze Zeit, wie es bei Einrichtung der Arbeitsmaschinen öfter verlangt wird, und ermöglicht sehr sanften Anlauf, wie er beispielsweise zum Spannen und allmählichen Beschleunigen langer Förderbänder (Abb. 71) nötig ist. Wenn das Anlaufmoment genügt, so ist dieses Verfahren wegen seiner Einfachheit u. U. der Verwendung des Schleifringläufermotors vorzuziehen, insbesondere bei Fernsteuerung, da hier nur die drei Zuleitungen zum Motor erforderlich sind.

Der Drehstrom-Kurzschlußläufermotor hat nur eine Drehzahl und läßt sich nicht regeln. Verlangt ein Antrieb aber mehrere Geschwindigkeitsstufen, jedoch ohne stetige Drehzahlregelung, so ist der **polumschaltbare** Asynchronmotor am Platze (S. 42). Wegen seiner leichten Steuerbarkeit ist er auch dann vorteilhaft, wenn durch seine Stufen das mechanische Getriebe entsprechend verkleinert werden kann. Für den Brauereimaschinenantrieb Abb. 72 genügen vierfach polumschaltbare Motoren ohne weitere Drehzahlregelmöglichkeiten. Abb. 73 zeigt eine Langfräsmaschine mit vier Stahlmotoren, von denen die drei Frässchlittenmotoren polumschaltbar sind. Diese Werkzeugmaschine ist ein

Abb. 73. Langfräsmaschine (Reinecker) mit 3 durch polumschaltbare Stahlmotoren angetriebenen Frässchlitten und ebenfalls durch Stahlmotor angetriebenem Frästisch.

gutes Beispiel für einen **Mehrmotorenantrieb** und läßt außerdem erkennen, wie bequem und leicht hierbei Schwenkbewegungen der Schlitten vorgenommen werden können. Die Trommel-Revolverdrehbank Abb. 74 der Werkzeugmaschinenfabrik Pittler A.-G. hat einen dreifach polumschaltbaren Kurzschlußläufermotor. Die Maschine hat selbsttätige Schützensteuerung, da die bei Revolverbänken ständig wechselnden Arbeitsvorgänge häufige Drehzahländerungen verlangen. Diese Wechsel lassen sich auf elektrischem Wege einfacher, schneller und meist auch mit geringeren Energieverlusten erreichen als durch mechanische Umsteuerung. In unserem Beispiel wird beim Weiterschalten des Revolverkopfes über ein Ritzel das Zahnrad 1 gedreht, auf dessen Welle die Steuer-

walze 2 verkeilt ist. Die Nocken der Steuerwalze betätigen die elektrischen
Kontakte des Befehlschalters 3, der über die Schützen 4 den Motor 5 schaltet.
Die Kühlmittelpumpe in der Mitte des Drehbankfußes hat eigenen Antrieb.
Auf elektrischem Wege ist hier mit verhältnismäßig wenigen Apparaten die
vollselbsttätige Steuerung des Antriebsmotors erreicht, wie sie so einfach
und billig auf mechanischem Wege nicht zu lösen gewesen wäre.

Abb. 74. Trommel-Revolver-Drehbank (Pittler) mit dreifach polumschaltbarem Kurzschlußläufermotor und selbsttätiger Schützensteuerung.

Polumschaltbare Motoren werden erst von bestimmten Leistungen an gebaut,
da es schwierig ist, in kleineren Motoren die nötigen Wicklungen unterzubringen.
Aus dem gleichen Grunde können kleine Motoren überhaupt nur als Schnell-
läufer ausgeführt werden, weil sich in ihnen nicht die erforderliche Polpaarzahl
einbauen läßt. Falls die Arbeitsdrehzahl klein ist, muß also bei kleinen Leistungen immer ein Übersetzungsgetriebe eingeschaltet werden, am besten in
Ausführung als Getriebemotor. Der Richtungswechsel bietet bei Kurz-
schlußmotoren keine Schwierigkeit; nach S. 43 genügt es, wenn zwei Zuleitungen

8*

vertauscht werden. Zum raschen Stillsetzen wird vielfach Gegenstrombremsung angewandt, doch ist hier Vorsicht am Platze, weil bei zu schnellem Umschalten auf Gegenlauf unzulässig hohe Stromstöße auftreten (S. 61). Auch muß hierbei sehr darauf geachtet werden, daß das endgültige Abschalten im Augenblick des Stillstandes erfolgt, damit der Motor nicht in Gegenrichtung hochläuft. Muß öfter gebremst werden, so ist der Einbau eines Schleppschalters angebracht, der

Abb. 75. Horizontal-Bohr- und Fräswerk mit zweifach polumschaltbarem Kurzschlußläufermotor Form B 5 von 11/12,5 kW mit 720/1440 U/m. Rechts Schaltschrank geöffnet mit Steuerschützen, Sicherungen, Trockengleichrichter.

selbsttätig die Stromzufuhr zum Motor im Augenblick der Umkehr unterbricht. Die Gegenstrombremsung ist sehr kräftig und wird immer mit einem Stoß eingeleitet. Eine stoßfreie und doch ungemein wirksame Bremsung des Drehstrommotors kann man jedoch noch durch Gleichstromerregung erreichen, wenn die Anlage die Anschaffung eines kleinen Gleichrichters und der nötigen wenigen Steuerorgane verträgt. Abb. 75 zeigt ein Horizontal-Bohr- und Fräswerk mit einem 11/12,5 kW- zweifach polumschaltbaren Drehstrommotor mit 720/1440 U/m. Der Gleichstrom zur Bremsung des Motors wird durch den Trockengleichrichter erzeugt, der auf dem Bilde im Steuerungsschrank auf der Mitte der rechten Seite zu sehen ist. Bemerkenswert ist an diesem Antrieb noch, daß der Motor offen ausgeführt ist, da bei seiner hohen Lage ein Eindringen von Bohrspänen oder Bohrwasser nicht zu befürchten ist.

Abb. 76. Regelbarer Kalanderantrieb einer Papiermaschine mit Drehstrom-Nebenschlußmotor von 260 kW (SSW).

γ) Drehstrom-Kommutator-Nebenschlußmotor. Die Forderung, auch für die heute meist vorhandenen Drehstromnetze einen gut regelbaren Motor mit gleichbleibender Drehzahl zu besitzen, hat zu der Entwicklung des Drehstrom-Nebenschlußmotors geführt. Diese Maschine ist in ihrem Verhalten und in ihren Eigenschaften dem Gleichstrom-Nebenschlußmotor sehr ähnlich und diesem deshalb vom betrieblichen Standpunkte aus gleichwertig. Seine anfänglich beschränkten Anwendungsgebiete haben sich heute bedeutend erweitert, nachdem es gelungen ist, diesen Motor sowohl für kleine Leistungen bis herunter zu 1 kW als auch für ziemlich große Leistungen bis zu einigen 100 kW zu bauen und seinen Regelbereich zu vergrößern.

Abb. 77. Regelbare automatische Kohlenstaubförderung mit Antrieb durch
einen Drehstrom-Nebenschluß-Getriebemotor von 3,2 kW (SSW).

Abb. 78. Antrieb eines älteren Horizontal-Bohr- und Fräswerkes durch regelbaren
Drehstrom-Nebenschlußmotor von 9 kW (SSW).

Abb. 76 zeigt den Kalanderantrieb einer Papiermaschine mit der erheblichen Leistung von 260 kW, Abb. 77 den Antrieb einer selbsttätigen Kohlenstaubförderung mit Drehstrom-Nebenschluß-Getriebemotor von nur 3,2 kW. Die normale Drehzahlregelung dieser Maschinen geht bis 1:3, doch können heute auch wesentlich größere Regelbereiche ausgeführt werden, worauf S. 143 näher eingegangen wird. Einige weitere Antriebe mit Drehstrom-Nebenschluß-motor zeigen Abb. 78, Antrieb eines Waagerecht-Bohr- und Fräswerkes, und Abb. 79, Blick in den Maschinensaal einer Spinnerei mit Einzelantrieb der Kammgarn - Ringspinnmaschinen.

Mit dem Nebenschlußmotor können auch Drehzahlen über 3000 in der Minute erreicht werden. So hat man beispielsweise einen 2,2 kW-Motor für den Antrieb von Holzbearbeitungsmaschinen entwickelt, der mit 4600 U/m läuft. Der Wirkungsgrad des Drehstrom-Nebenschlußmotors ist wegen höherer Verluste etwas geringer als der des Asynchronmotors, der Leistungsfaktor hingegen ist sehr gut und kann bis auf 1 gebracht werden. Trotz wesentlicher Verbesserungen sind aber Gewicht und Raumbedarf immer noch größer als beim Gleichstrommotor. Auch der Preis ist noch wesentlich höher,

Abb. 79. Einzelantrieb von Baumwoll-Ringspinnmaschinen durch regelbare Drehstrom-Nebenschlußmotoren (SSW).

so daß zu überlegen ist, ob nicht die Aufstellung eines Gleichrichters oder Umformers insbesondere dann zweckmäßiger wird, wenn ein größerer Maschinenpark regelbaren Antrieb benötigt.

120 Der Antrieb.

δ) Drehstrom-Synchronmotor. Der Drehstrom-Synchronmotor ist der gegebene Antrieb für Arbeitsmaschinen, die eine **ganz starre Drehzahl** verlangen. Aber auch für bestimmte Antriebe mit nahezu gleichbleibender Drehzahl werden neben den asynchronen Kurzschlußläufermotoren in steigendem Maße Synchronmotoren verwendet. Wenn wir uns daran erinnern, daß der Leistungsfaktor der Asynchronmotoren bei Teillast und Leerlauf sehr schlecht ist, so erkennen wir, wie vorteilhaft es ist, für Antriebe mit stark wechselnder Belastung und häufigem Leerlauf, aber gleichbleibender

Abb. 80. Liegender, zweikurbeliger Verbundkompressor für 6000 m³/h, 8 atü, angetrieben durch Synchronmotor 550 kW, 187,5 U/m, 6000 V, cos $\varphi = 1$ bei Vollast; Betrieb durchlaufend nach Betriebsart IV der Abb. 81.

Drehzahl den Synchronmotor zu verwenden. Nachdem heute die Anfahrschwierigkeiten verringert sind, will man sich den guten Leistungsfaktor und die Möglichkeit der Verbesserung des Leistungsfaktors des ganzen Netzes zunutze machen.

Immerhin ist das **Anlassen** aber noch wesentlich umständlicher als bei allen anderen Motoren; der Synchronmotor sollte deshalb nur selten angelassen werden, also möglichst im Dauerbetrieb laufen. Da er sich ferner, außer durch die umständliche Frequenzregelung, **nicht regeln läßt**, bleibt er natürlich auf solche Antriebe beschränkt, die keine Regelbarkeit und auch keine Drehzahlstufung verlangen.

Der Drehstrom-Synchronmotor findet Verwendung zum Antrieb von Motorgeneratoren, Kompressoren und Gebläsen, kontinuierlichen Walzenstraßen, Gummiwalzwerken, Zementmühlen, Rührwerken usw. für mittlere bis große Leistungen. Abb. 80 zeigt einen zweikurbeligen Verbund-Kolbenkompressor von

I. Betrieb durchlaufend. Inkaufnahme der Leerlaufarbeit des durchlaufenden Kompressors und Motors während der Druckluftentnahme aus dem Speicher. Bei Antrieb durch Synchronmotor Vorteil des voreilenden cos φ gegenüber dem Nachteil der Leerlaufverluste.

II. Betrieb aussetzend. Keine Leerlaufarbeit während der Entnahme aus dem Speicher. Große Anlaßarbeit bei Wiedereinschalten gegen den vollen Luftdruck.

III. Betrieb wie bei II; Wiedereinschalten aber bei Leerlauf, daher geringste Anlaßarbeit, Verwendung der billigen Doppelnutmotoren. Bestes System für kleine Kompressoranlagen.

IIIa. Ein durchlaufender Kompressor für die Grundbelastung mit Antrieb durch Synchronmotor. Spitzenkompressor mit Asynchronmotor aussetzend arbeitend nach Betriebsart III, sehr wirtschaftliches System mit 2 Kompressoren. (Die Anlaßarbeit bei II, III und IIIa ist in Wirklichkeit größer, da die Beschleunigungsarbeit noch zu berücksichtigen ist.)

IV. Durchlaufender Betrieb; selbsttätige Regelung bei konstanter Drehzahl in Stufen von 100, 75, 50, 25 und 0%. Besonders geeignet für große Kompressoren mit Synchronmotorenantrieb; vgl. Schlußbemerkung zu Betriebsart I.

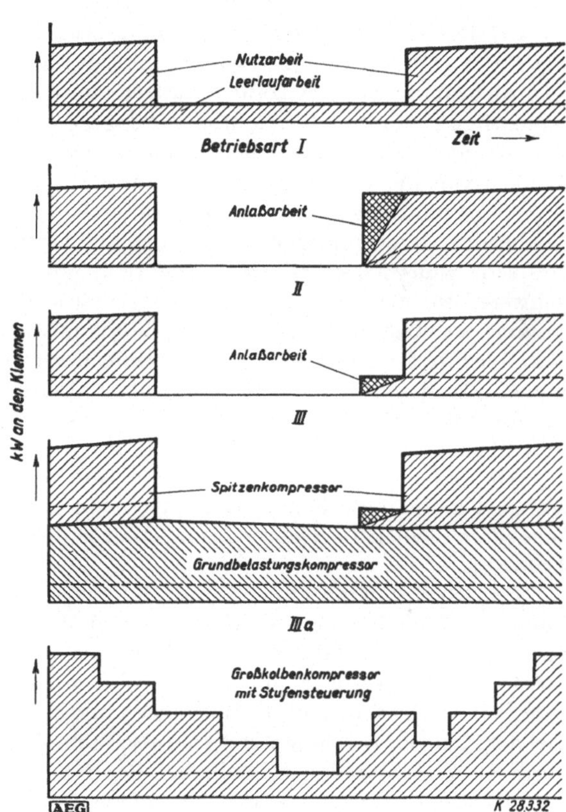

Abb. 81. Betriebsdiagramme für elektrisch angetriebene Kolbenkompressoren für verschiedene Betriebsarten (AEG).

6000 m³ stündlicher Windmenge, angetrieben durch einen Synchronmotor mit 550 kW, bei 187,5 U/m. Ist der zulässige Höchstdruck von 8 atü erreicht, so wird die angesaugte Luftmenge nach Maßgabe des Luftverbrauches selbsttätig in 4 Stufen — 100, 75, 50 und 25% — geregelt. Die Schaltung der Stufen kann schon bei der sehr geringen Druckabweichung von 0,2 at erfolgen. In Abb. 81 sind verschiedene Betriebsarten von Kompressoranlagen gegenübergestellt und erläutert.

c) Elektromotoren für Maschinen der Stoffbewegung.
1. Notwendigkeit nachgiebiger Drehzahl.

Bei der Besprechung über die Anforderungen der Maschinen für die Werkstoffverarbeitung haben wir erkannt, daß sie einen Antrieb mit bestimmter, gleichbleibender Drehzahl verlangen, der bei Belastungsschwankungen nicht wesentlich nachgibt. Betrachten wir dagegen nun das Arbeiten einer Maschine für die Stoffbewegung, beispielsweise das Kranfahren oder das Heben und Senken von Lasten mit dem Kranhubwerk. Hier liegt kein Grund vor wie bei den Stoffverarbeitungsmaschinen, zu verlangen, daß alle Lasten mit gleichbleibenden Geschwindigkeiten gehoben und verfahren werden. Es ist im Gegenteil sehr wünschenswert, wenn leichte Lasten schneller bewegt werden als schwere, die meist auch groß, sperrig und schlecht übersehbar sind. Hinzukommt, was fast noch wichtiger ist, daß nämlich mit abnehmenden Drehzahlen wachsende Momente zur Überwindung der größeren Belastung zur Verfügung stehen. Insbesondere braucht man zum Anfahren mit der Last große Momente für die nötige Beschleunigung, während die Geschwindigkeiten anfangs naturgemäß noch klein sind. Der Kran soll also kleine Lasten mit großer Geschwindigkeit und große Lasten mit kleiner Geschwindigkeit bewegen. Lastfahren soll mit kleiner werdender Last allgemein immer schneller werden, und am schnellsten sollen Leerfahrten sein, die für die Stoffbewegung ja nur Leerlauf bedeuten.

Was für den Kran gilt, gilt auch — ausgenommen Aufzüge und Transportbänder — für alle anderen Hebezeuge und Transportmaschinen, und besonders für Fahrzeuge und Bahnen, die ja ebenso Maschinen für die Stoffbewegung sind. Gerade die Fahrzeuge sollen ihrem Wesen nach immer so rasch laufen, wie es ihre Belastung zuläßt, um Entfernungen in möglichst kurzer Zeit zu überwinden. Bei der gleichen Leistung fahren sie also in der Ebene mit ihren verhältnismäßig geringen Widerständen schnell, bei Bergfahrten hingegen, wo die Fahrzeuge ständig große Momente zum Überwinden der Steigung hergeben müssen, wesentlich langsamer. Nur beim Fahren nach einem Fahrplan tritt die Zeitgebundenheit hinzu, durch die Höchstleistungen nur bei voller Belastung oder Besetzung und bei schweren Steigungsfahrten gefordert werden.

Zu den Maschinen der Stoffbewegung gehören auch noch viele Hilfsantriebe von Stoffverarbeitungsmaschinen, unter anderem die Verstellantriebe von Werkzeugmaschinenschlitten, wie Abb. 82 am Beispiel einer Drehbank-Support-Schnellverstellung zeigt. Da dieser elektromotorische Antrieb nur zum Einrichten oder zu Leerfahrten benutzt wird, nicht aber beim Arbeitsvorgang selbst, so ist es selbstverständlich ganz unnötig, daß der Schlitten etwa mit einer bestimmten Geschwindigkeit verfahren wird. Er soll seine Bewegungen immer so schnell als möglich ausführen, um die Einrichtezeit zu kürzen, während deren die Bank ja nicht zum Drehen benutzt werden kann.

Alle diese Maschinen verlangen also keine gleichbleibenden Geschwindigkeiten, sondern Drehzahlen, die mit der Belastung nachgeben. Dazu gehört noch eine Sondergruppe der Werkstoffverarbeitungsmaschinen, nämlich die Schwungradantriebe. Hier ist das Nachgeben der Drehzahl unter der Belastung sogar unbedingt erforderlich, um die Schwungmassen bei Überbelastungen genügend zur Arbeitsabgabe zu bringen. Denn diese Abgabe läßt sich nur dann erreichen, wenn die Drehzahl des Gesamtantriebes sinkt; nur dann können sich die Schwungmassen entladen. Hätte der Motor hier ein zu wenig nachgiebiges Verhalten, wie beispielsweise der Nebenschlußmotor, so würde bei Überlastung, da die Drehzahl ja nicht abfällt, der Motor mit höherer Stromaufnahme durchziehen, ohne das Schwungrad zur Arbeitsabgabe zu bringen. Der Motor würde also doch den hohen Laststoß bekommen, der ja durch das Schwungrad gerade von ihm ferngehalten werden soll.

Abb. 82. Eilgangsmotor für die elektrische Schnellverstellung des Schlittens einer großen Drehbank mit $v = 4$ m/min und Tippschaltung (VDF).

Arbeitsmaschinen mit nachgiebiger Drehzahl sind also solche, bei denen sich die Arbeitsgeschwindigkeit und damit die Drehzahl in Abhängigkeit von der schwankenden Belastung ändert, und zwar soll bis zu gewissen Grenzen die Drehzahl mit sinkender Last steigen und mit zunehmender Last fallen.

Elektromotoren, deren Drehzahlen mit der Belastung stark nachgeben, haben Doppelschluß- oder Reihenschlußverhalten. In der Tafel 4 sind auch diese Motoren aufgeführt, deren Verwendung im folgenden wieder einzeln besprochen werden soll.

2. Sonderheiten des aussetzenden Betriebes.

Die meisten Maschinen für die Stoffbewegung arbeiten nicht im Dauerbetrieb DB, sondern im Aussetzbetrieb AB. Die Anforderungen an die Antriebsmotoren sind also auch im Hinblick auf die Betriebsart grundsätzlich andere als bei den meisten Maschinen für die Stoffverarbeitung. Außerdem sind die Transportmaschinen meist ortsbeweglich und können deshalb, auch mit Rücksicht auf das mit zu befördernde große Totgewicht, oft nicht so sorgfältig gegen äußere Einflüsse wie Staub, Regen usw. geschützt werden. Dennoch ist dieser Frage große Sorgfalt zuzuwenden.

Motoren, die nur in überdachten Räumen arbeiten, werden offen gewählt. Sie lassen sich am bequemsten reinigen und haben von allen eigenbelüfteten Motoren die besten Kühlungsverhältnisse sowohl im Lauf als auch im Stillstand, eignen sich deshalb gut für den Aussetzbetrieb AB (S. 69). Arbeiten die Maschinen aber im Freien oder sind sie einer Verschmutzung durch schmirgelnde Stoffe ausgesetzt, beispielsweise Formsand, Abstrahlgebläsesand, Metallspäne, Walzensinter usw., so müssen sie geschützt ausgeführt sein (S. 6). Da aber die geschützten Elektromotoren im Betrieb nicht so gut abkühlen wie die offenen, können sie mit Rücksicht auf die Erwärmungsgrenzen nicht so hoch belastet werden. Für die gleiche Leistung und Drehzahl sind geschützte Motoren also größer und schwerer als offene. Der Größenunterschied ist bedeutend. Aber gerade bei Hebezeugen und Fahrzeugen will man möglichst kleine Motoren haben, da sie als Totlast ständig mitbewegt werden müssen, also Beschleunigungsenergie verbrauchen.

Hierzu kommt bei Hebemaschinen noch folgendes: Sie laufen alle im aussetzenden Betrieb, also in ständigem Wechsel zwischen Anlauf, kürzerer oder längerer Fahrt, Bremsen und kürzerem oder längerem Halt. Die Hebezeugmotoren müssen bei dieser großen Schalthäufigkeit sehr oft Anlaufströme aufnehmen, die höher sind als die Betriebströme, und die auf die Erwärmung, die ja mit dem Quadrat der Stromstärke wächst (S. 67), einen großen Einfluß haben. Ferner verlassen diese Motoren vielfach die Anlaufperiode überhaupt nicht, d. h. sie laufen dann unter der Nenndrehzahl und damit bei sehr viel schlechterer Kühlung, denn der Lüfter ist für Nenndrehzahl gebaut und fördert mit sinkenden Drehzahlen wesentlich weniger. Um also der oben gestellten Forderung gerecht zu werden und für Hebezeuge und Fahrzeuge möglichst kleine Motoren verwenden zu können, muß auf eine besonders gute Belüftung geachtet werden.

Bei Fahrzeugen überläßt man die Kühlung dem Fahrwind, wenn der geschützte oder geschlossene Motor im Fahrgestell liegt. Die dadurch erzielte Belüftung genügt in den allermeisten Fällen. Bei Hebezeugen mit offenen Antriebsmotoren findet im Stillstand der Maschine eine genügende Abkühlung auch dadurch statt, daß die warme Luft aus den Motoröffnungen abziehen kann. Ungünstiger liegen die Verhältnisse bei geschützten und geschlossenen Motoren, bei denen die warme Luft aus dem Innern nicht frei abzieht. Um die Erwärmung auch bei geschlossenen Motoren niedrig zu halten, sind verschiedene Bauarten durchgebildet worden, wobei auch hier wieder der Kranbau wie beim Mehrmotorenantrieb die Entwicklung wesentlich gefördert hat. Als einfachstes Mittel zur Verbesserung der Kühlung kann durch Kühlrippen am Motorgehäuse die Wärmeabstrahlung vergrößert werden (vgl. Abb. 54). Wesentlich wirksamer ist diese Kühlung, wenn durch einen Außenlüfter ein kräftiger Luft-strom über den Motormantel getrieben wird. Der Lüfter sitzt auf der Nicht-antriebseite geschützt außerhalb des eigentlichen geschlossenen Motors, saugt durch ein in der Mitte des Lagerschildes befindliches Gitter die Kühlluft an und bläst sie durch die Gehäuse-Kühlrippen (vgl. Abb. 8c, S. 7).

Am wirkungsvollsten ist eine Kühlung durch Fremdlüftung, wie Abb. 83 an einem Gleichstrom-Kranmotor zeigt. Hier ist eine intensive Kühlung auch beim Anlauf, bei Regelung auf nie-dere Drehzahlen und sogar in den Arbeitspausen vorhanden. Die Fremd-belüftung eignet sich deshalb beson-ders für stark beanspruchte Motoren im aussetzenden Betrieb und wird bei größeren Leistungen allgemein angewandt. Ein letztes Mittel, die Motorleistung zu steigern, besteht in der Verwendung von besonders wärme-beständigen Isolationsstoffen, die eine höhere Betriebstemperatur erlauben, wie auf S. 68 dargelegt ist.

3. Gleichstrom - Reihenschlußmotor.

Viele Jahre ist der Gleichstrom-Reihenschlußmotor, auch Haupt-schlußmotor genannt, als Antriebs-motor im Hebezeugbau vorherrschend

Abb. 83. Regelbarer Gleichstrom-Reihen-schlußmotor mit Fremdlüftung.

gewesen. Wenn die Stromart frei gewählt werden kann, so wird er auch jetzt noch wegen seiner besonderen Eignung für diese Arbeitsgebiete vorgezogen, obwohl wir heute Drehstrommotoren besitzen, die den Anforderungen des Kranbetriebes schon sehr weitgehend entsprechen. Der Gleichstrom-Reihen-schlußmotor hat ein außerordentlich gutes Anzugsmoment und ist hoch überlastbar. In beiden Fällen zeigt er eine verhältnismäßig geringe Strom-aufnahme im Vergleich zum Gleichstrom-Nebenschlußmotor und zu den Drehstrom-Asynchronmotoren, wodurch zu große Spannungsschwankungen im Netz vermieden werden. Das den Motor mit Reihenschlußverhalten kennzeich-nende „Durchgehen" tritt eigentlich nur bei weitgehender Entlastung auf, die bei Hebezeugen kaum vorkommt, da schon die Reibungsverluste in den Ge-trieben eine genügende Belastung darstellen. Will man in bestimmten Fällen ganz sicher gehen, so kann man den Reihenschlußmotor ähnlich wie den Ein-phasen-Kondensatormotor mit einem Fliehkraftschalter ausrüsten, der den Motor beim Erreichen einer bestimmten Überdrehzahl vom Netz abschaltet.

Der Gleichstrom-Reihenschlußmotor läßt sich ebenso wie der Gleichstrom-Nebenschlußmotor sehr gut und stufenlos regeln (S. 35 ff). Die Drehzahlregelung erfolgt durch Regelanlasser, wenn nur selten geregelt zu werden braucht. Bei Antrieben mit zwei Motoren, die zwar oft angelassen, aber selten geregelt werden, vorzugsweise also bei elektrischen Bahnen, verwendet man gern die Reihenparallelschaltung Abb. 84. Die Reihenschaltung mit sehr großem Anzugsmoment bei kleinen Geschwindigkeiten dient zum Anfahren, die Parallelschaltung zum Betriebsfahren mit hohen Geschwindigkeiten. Dieses Anlaßverfahren hat noch den Vorzug, daß zwei Geschwindigkeiten in den Schaltstufen vorhanden sind, bei denen keine Energie in den Widerständen vernichtet wird.

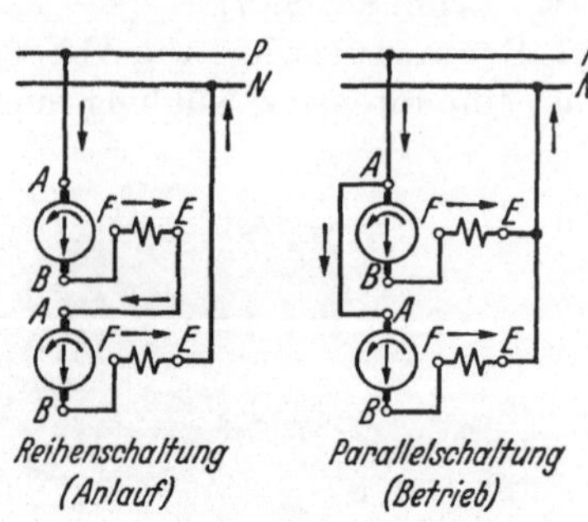

Abb. 84. Reihen-Parallelschaltung von 2 Gleichstrom-Reihenschlußmotoren.

Transportmaschinen, die das Arbeitsgut oder die Werkstücke nicht nur umsetzen, sondern auch genau absetzen sollen, wie beispielsweise die Gießereikrane bei der Formkastenbewegung, die Einrichtekrane bei Werkzeugmaschinen und die Montagekrane, müssen häufig und in weiten Grenzen geregelt werden. Für sie ist die verlustlose Drehzahlregelung durch Feldschwächung am Platze. Sie geschieht fast ausnahmslos von Hand, da ja wegen des Reihenschlußverhaltens einer bestimmten Reglerstellung keine bestimmte Drehzahl entspricht. Die Drehzahl ändert sich mit der Belastung, es muß also jeder Arbeitsgang für sich eingestellt werden.

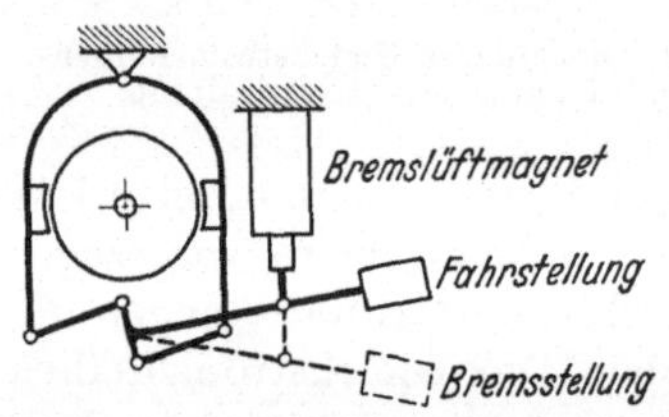

Abb. 85. Schema einer Doppelbackenbremse mit Gewichtsbelastung und Bremslüftmagnet.

Zum Bremsen der Hebezeuge und Bahnen, insbesondere während langer Talfahrten der letzteren, wird häufig Senkbremsung zur Rückgewinnung der Bremsenergie angewandt. Bei Hubwerken, die nicht selbsthemmend ausgebildet sind, bei Fahrstühlen und bei Fahrzeugen, die in einer Steigung stehen, ist ein sicheres Halten rein elektrisch nicht zu erreichen. Bei Hebezeugen wird eine mechanische Bremse angeordnet, die aus Sicherheitsgründen bei stillstehendem oder stromlosem Motor durch Gewichte oder Federkraft immer angezogen ist. Nur zum Fahren wird sie mit dem Einschalten des Fahrstromes durch besondere magnetische oder motorische Bremslüfter solange abgehoben, wie der Motor unter Strom steht. Abb. 85 stellt im Schema eine Doppelbackenbremse mit Gewichtsbelastung und Bremslüftmagnet dar.

Zusammenfassend kann über den Gleichstrom-Reihenschlußmotor gesagt werden: er hat ein großes Anzugsmoment bei verhältnismäßig geringer Stromaufnahme, verträgt Überlastungen ohne Schaden und hat Reihenschlußverhalten. Geschwindigkeitsregelung und elektrisches Bremsen sind einfacher durchzuführen als bei Drehstrom. Er benötigt eine geringere Anzahl von Leitungen als Drehstrommotoren, was bei offenliegenden Schleifleitungen der Krane ein Vorzug ist. Ein Nachteil gegenüber den Drehstrom-Asynchronmotoren ist der Kollektor und vor allem der fast doppelt so hohe Preis.

4. Einphasen- und Drehstrommotoren mit Reihenschlußverhalten.

Außer dem Gleichstrom-Reihenschlußmotor finden, wie schon mehrfach bemerkt, auch einige Wechselstrommotoren mit Reihenschlußverhalten Anwendung. Jedoch ist ihre Anwendung weniger häufig und auf bestimmte Sonderfälle beschränkt.

Der Einphasen-Reihenschlußmotor wird in der Hauptsache als Bahnmotor zum Antrieb von Lokomotiven und Triebwagen elektrischer Vollbahnen verwendet. In Deutschland sind hierfür 15 000 V Fahrdrahtspannung (Netzspannung) bei $16^2/_3$ Hz üblich, die durch einen im Fahrzeug befindlichen Transformator auf eine für den Motor geeignete Spannung von wenigen hundert Volt herabgesetzt wird. Der Einphasen-Reihenschlußmotor findet außerdem Verwendung bei Hebezeugen und Pumpen, jedoch im allgemeinen nur dort, wo lediglich ein Einphasennetz vorhanden ist. An Drehstromnetzen kann er nicht erwünschte unsymmetrische Netzbelastungen verursachen, so daß man regelbare Drehstrommotoren vorzieht, wenn diese auch in der Anschaffung teurer sind.

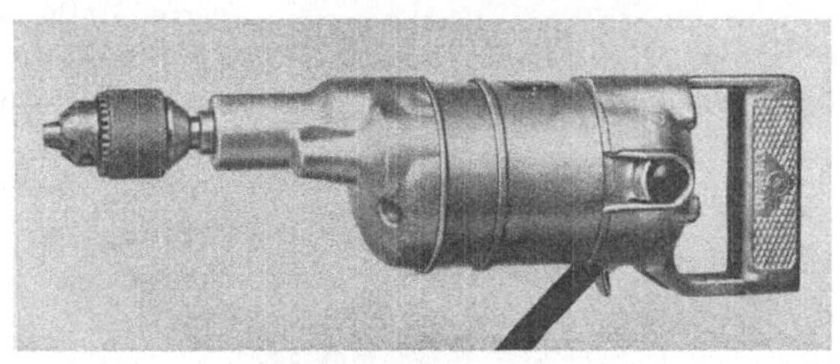

Abb. 86. Elektrische Handbohrmaschine mit Universalmotor und Getriebe (SSW).

Der bis zu kleinsten Leistungen herab verwendete, in Schaltung und Bedienung sehr einfache Universalmotor wird in Haushaltsgeräten, zum Antrieb von Büromaschinen und besonders bei Elektrowerkzeugen verwendet. Abb. 6, S. 5 zeigte einen Einbaumotor. Bei der elektrischen Handbohrmaschine nach Abb. 86 ist das für die Übersetzung auf niedrigere Drehzahlen bestimmte Getriebe mit dem Motor konstruktiv vereinigt. Mit der Winkel-Handbohrmaschine nach Abb. 87 kann man auch an schwer zugänglichen Stellen bohren; die Abkröpfung wird durch eine Kegelradübersetzung erreicht. Spielzeugmotoren werden aus Sicherheitsgründen für Spannungen unter 24 V ausgeführt, wobei allerdings eigene Transformatoren nötig sind.

Infolge der Abnutzung der Bürsten erfordert der Universalmotor wie jede Kommutatormaschine eine gewisse Wartung. Um die Abnutzung der Kohlebürsten und damit die Notwendigkeit einer Auswechselung auch dem Laien leicht sichtbar zu machen, ist für Staubsauger eine einfache Vorrichtung entwickelt, bei der ein außen sichtbares weißes Stäbchen die Kohlenabnutzung erkennen läßt (Abb. 88).

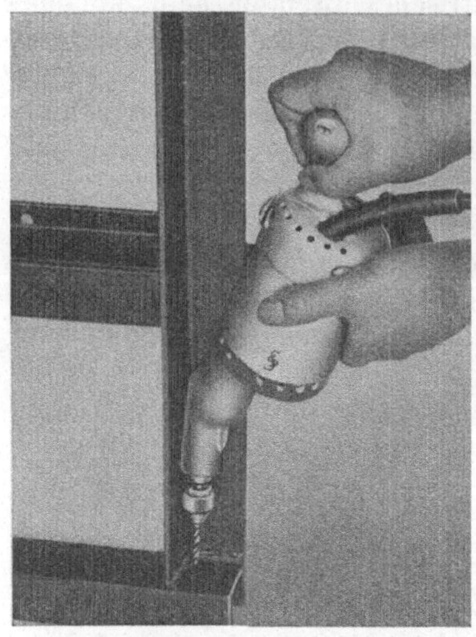

Abb. 87. Winkel-Handbohrmaschine bis 4 mm Lochdurchmesser (SSW).

Der Repulsionsmotor mit kurzgeschlossenen und zur Drehzahlregelung und zum Anlassen verstellbaren Bürsten hat Reihenschlußverhalten, obwohl keine direkte Reihenschaltung von Ständer und Läufer vorliegt. Er wird gelegentlich für mittlere Leistungen, z. B. bei Spinnmaschinen, Färbereimaschinen und Schnellpressen, verwendet. In der Sonderausführung des Déri-Motors mit zwei Bürstensätzen (einer fest, einer beweglich) benutzt Brown, Boveri & Cie. ihn beispielsweise zum Kranantrieb. Da die Drehzahlregelung sowohl beim Déri-Motor als auch beim einfachen Repulsionsmotor verlustlos ist, sind die Motoren besonders dann günstig, wenn häufig mit niedrigen Geschwindigkeiten gefahren werden muß.

Der Drehstrom-Reihenschlußmotor mit einfachem oder doppeltem Bürstensatz ist für alle Regelantriebe, die an Drehstrom angeschlossen werden sollen,

Abb. 88. Kohlebürsten-Überwachungsvorrichtung am Siemens-Protos-Super-Staubsauger (Patent der SSW).

der geeignetste Reihenschlußmotor, da er gute Regelfähigkeit, günstige Anlaufverhältnisse und hohen Leistungsfaktor vereinigt. Da er ein Drehstromnetz symmetrisch belastet, ist er dem Repulsions- und Déri-Motor hier überlegen. Trotz höheren Gewichtes und Preises wird er diesen Maschinen gegenüber im allgemeinen bevorzugt. Beispielsweise werden Drehstrom-Reihenschlußmotoren zu Pumpenantrieben bis zu Leistungen von mehreren 100 kW verwendet (z. B. 270 kW, regelbar zwischen 560 und 850 U/m). Auch im Hebezeugbau kommen sie ihrer guten Regelfähigkeit wegen in steigendem Maß vor, und es ist noch nicht abzusehen, ob die Entwicklung zum Drehstrom-Reihenschlußmotor gehen wird oder bei dem heute am meisten verwendeten asynchronen Drehstrommotor bleibt, dessen Entwicklung durch Verbessern der Regelfähigkeit mittels Polumschaltung weitergeht (vgl. auch den Doppelkranmotor auf S. 136).

Allen Motoren mit Bürstenverschiebung ist eigentümlich, daß die Steuerung nur dann einfach bleibt, wenn der Bedienende (z. B. Kranführer) bei der Maschine bleiben kann. Anderenfalls sind Fernsteuerungen erforderlich, die naturgemäß die Anlage verwickelter machen.

d) Elektromotoren für schweren Anlauf.

1. Forderungen des Schweranlaufs.

Bei jedem Anlauf ist die Last, die auf eine bestimmte Geschwindigkeit gebracht werden soll, zu beschleunigen. Der Anlauf wird natürlich um so schwerer, je größer die Last ist, gleichgültig ob es sich dabei um ein am Kran hängendes Gewicht handelt oder um schwere Massen der Arbeitsmaschine selbst, z. B. Schwungrad, lange Transportkette, schwere Walzen u. a. m. Da andererseits immer gefordert wird, daß die gewünschte Arbeits-Geschwindigkeit nach einer bestimmten, meist sehr kurz bemessenen Zeit erreicht wird, ist eine Beschleunigung nötig, die oft ein Mehrfaches des normalen Arbeitsdrehmomentes bedingt. Das Anfahren unter Last, besonders unter Vollast, ist also ein schwerer Anlauf, der eine bedeutende Leistungsspitze erfordert, d. h. der Antrieb muß bei niederen Drehzahlen stark überlastet werden können.

Um besser zu erkennen, welches Verhalten ein Motor bei Schweranlauf haben soll, ist es zweckmäßig, zunächst noch einmal kurz die Motoren zu betrachten, die sich nicht dafür eignen.

In unserer Tafel 4 „Eigenschaften der Elektromotoren" finden wir beim gewöhnlichen Kurzschlußläufermotor mit Rundstabkäfig in der Spalte „Anlaufmoment" die Angabe „mäßig", beim Induktionsmotor ohne Kondensator „null" und beim Synchronmotor „gering". Betrachten wir nun den Kurzschlußläufer (Abb. 26, S. 48): Er soll wegen seines schlechten Leistungsfaktors bei Teillast (Abb. 15) immer so gewählt werden, daß er bei normalbelasteter Arbeitsmaschine mit Vollast (Nennlast) arbeitet. Sein Anlaufmoment ist aber nicht wesentlich höher als das Nennmoment, d. h. zur Beschleunigung der Last bleibt nicht viel übrig, der Motor ist nur für Leeranlauf geeignet. In Abb. 89 sind in einem Schaubild die Momentenkurve eines 5,5 kW-Kurzschlußläufermotors mit Rundstabkäfig und die Momentenkurven zweier Arbeitsmaschinen über der gemeinsamen Drehzahl-Waagerechten aufgetragen. Ar_1 stellt den Drehmomentverlauf einer Arbeitsmaschine mit geringem Anlaufwiderstand dar, d. h. zur Überwindung des Ruhezustandes ist nur ein mäßiger

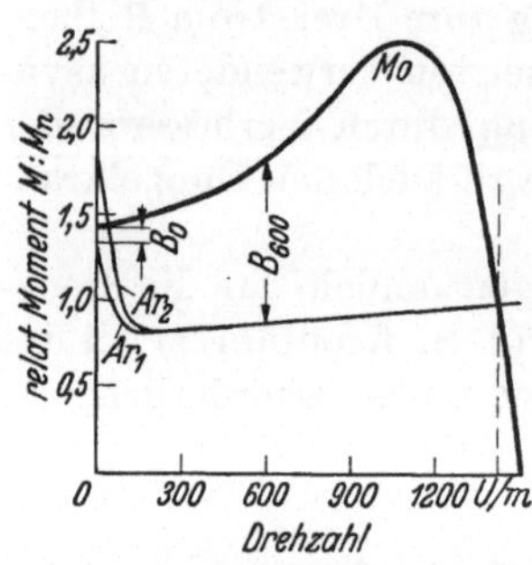

Abb. 89. Anlaufmomentenkurven von Kurzschlußläufermotor und Arbeitsmaschine.

Mehrbetrag über dem Normaldrehmoment erforderlich. Trotzdem liegt der Kurvenanfangspunkt in bedenklicher Nähe des Motor-Anlaufmoments. Ein Anlauf wird zwar erfolgen, aber wegen des geringen zur Beschleunigung zur Verfügung stehenden Überschußmomentes B_0 so mühsam und schleppend, daß der Motor sekundenlang nicht über 50—100 Touren kommt, also viel zu lange den hohen Anlaufstrom (Abb. 26) aufnehmen muß, der etwa das 5- bis 7fache des Nennstromes beträgt. Entweder fallen hier die Sicherungen heraus, der Motor läuft also nie an, oder er kann bei Übersicherung so heiß werden, daß die Isolation gefährdet ist. Die Drehmomentkurve Ar_2 gilt für die gleiche Arbeitsmaschine, aber mit höherem Anfahrwiderstand. Wie das Schaubild zeigt, ist der Betrieb sehr wohl möglich, nicht aber der Anlauf, da durch beispielsweise etwas höhere Reibung das erforderliche Mindest-Anfahrdrehmoment über dem Motor-Anlaufmoment liegt.

Beim Induktionsmotor ohne Kondensator muß in bekannter Weise zunächst eine Bewegung eingeleitet werden, ehe er überhaupt ein Moment abgibt, das sich dann erst mit steigender Drehzahl etwa nach Kurve 0 der Abb. 70 entwickelt. Auch dieser Motor kann und darf deshalb nicht unter Last angefahren werden. Wo man ihn wählt, ist also darauf Rücksicht zu nehmen. Beispielsweise darf man also beim Anlassen der Stiftendreschmaschine Abb. 65 das Korn erst dann einschütten, wenn die Maschine zunächst einmal leer hochgelaufen ist.

Der Synchronmotor hat zum Anlauf einen asynchronen Anwurfmotor oder eine besondere asynchrone Anlaufwicklung. Beide sind als Hilfseinrichtungen nur so groß bemessen, daß sie zum Hochfahren des Motors ausreichen, höchstens noch zum Anfahren mit Teillast.

Diese drei Motorarten haben also ein zu kleines Anzugsmoment, um bei hoher Belastung überhaupt anzulaufen. Weiter nehmen sie bei etwas schwererem Anlauf längere Zeit sehr hohe Ströme auf, die zu einer unzulässigen Erwärmung und zur Gefährdung der Maschine führen. Wir erkennen daraus zunächst, daß Motoren für Schweranlauf **erstens** ein genügend hohes Anzugsmoment haben müssen und **zweitens** dieses Drehmoment bei nicht zu hoher Stromaufnahme hergeben sollen. Sind außerdem auch noch große Massen zu beschleunigen (z. B. Schwungräder), so muß der hohe Anfahrstrom **drittens** dann auch noch hinreichend lange Zeit ausgehalten werden können.

Das zulässige Anzugsmoment eines Motors ist also dadurch gegeben, daß die für die Dauer der Anlaßperiode aufgenommene höchste Stromstärke nicht zu einer unzulässig hohen Erwärmung führen darf. Diese Stromstärke muß man genau kennen, denn der Motor nimmt bei höherem Anfahrwiderstand (Anfahrlastmoment) höhere Ströme auf, bis zum **Kurzschlußstrom** beim Festbremsen. Auch hieraus ergibt sich, wie wichtig es ist, wenn insbesondere größere Maschinen mit einem **Strommesser** zur Arbeitskontrolle versehen sind.

2. Gleichstrommotoren.

α) Nebenschlußmotor. Auf S. 45 ff ist das Grundsätzliche über den Anlauf der Gleichstrommotoren gesagt. Bei **Grobschaltung** hat der Motor das höchste Drehmoment, da hier der Anlaufstrom (Kurzschlußstrom!) und damit auch das Anlaufdrehmoment am größten ist, wie Gl. (1), S. 9 zeigt. Grobschaltung ist jedoch nur bei kleineren Motoren zulässig, die sehr schnell hochlaufen und den sehr hohen Anlaufstrom nur einen Augenblick aufnehmen. Wie außerordentlich hoch dieser Strom ist, lassen die Ankerstromlinien der Abb. 24 erkennen. Das Anlassen mittlerer und größerer Leistungen geschieht mit **Vorschaltwiderstand** (Anlasser). Der Anlaufspitzenstrom ist hierbei das 1,5fache des Ankernennstromes, dementsprechend ist auch das Anlaufmoment 1,5 mal Nennmoment. Es ist also Vollastanlauf möglich. Auch Schweranlauf ist möglich, wenn der Anlasser entsprechend groß bemessen ist und ein höherer Anfahrstrom (etwa bis 2fach) zugelassen wird, doch ist dann immer darauf zu achten, daß der Anlauf nicht zu lange dauert, der Motor also nicht zu lange unter dem hohen Strom steht. Beim Gleichstrom-Nebenschlußmotor ist endlich noch zu beachten, daß diese Verhältnisse nur gelten, solange das volle, ungeschwächte Feld vorhanden ist, denn das Drehmoment ist auch vom Fluß Φ abhängig (vgl. Gl. (1) und Abb. 21). Der Erregerstrom, der den Fluß erzeugt, wird beim Nebenschluß zwar nicht vom Ankerstrom beeinflußt, wohl aber von der Spannung. Bei großem Spannungsabfall, wie er beispielsweise in landwirtschaftlichen Betrieben vorkommen kann, sinkt der Fluß und das Drehmoment, wodurch bei schwerem Anlauf Überlastungen vorkommen können.

β) Reihenschlußmotor. Im Gegensatz zum Nebenschlußmotor ist beim Reihenschlußmotor der Fluß Φ auch vom Ankerstrom abhängig. Das Drehmoment ist also nicht nur proportional dem Ankerstrom I_A, sondern wächst mit dem Produkt $I_A \cdot f(I_A)$. Bei Nennstrom sind demnach die Momente beider Motoren gleich, bei Überstrom hingegen, beispielsweise beim Anlauf, ist das Kraftmoment des Hauptschlußmotors um den durch den höheren Strom verstärkten Fluß Φ größer als beim Nebenschlußmotor, bei Unterstrom entsprechend geringer. Er gibt also trotz gleicher Stromaufnahme beim Anlauf ein noch höheres Moment ab als der Nebenschlußmotor und ist deshalb besonders für den Schweranlauf geeignet.

Die Reihenschlußmotoren werden wie die Nebenschlußmotoren mit regelbaren Vorschaltwiderständen angelassen. Auch das Anlassen muß immer unter Last geschehen, da bei großem Vorschaltwiderstand nicht nur der Ankerstrom, sondern auch das Feld klein ist, der Motor deshalb sehr rasch hochläuft und zum Durchgehen neigt (S. 28). An Stelle der Last kann man besonders bei kleineren Motoren dafür aber auch einen festen Widerstand vorschalten, der zwar den Motorwirkungsgrad etwas verschlechtert, aber die einfache und betriebsichere Grobschaltung erlaubt. In diesem Falle kann der Reihenschlußmotor mit Druckknopf über Schützen gesteuert werden, während sonst die Verwendung von Steueraggregaten bei diesem Motor nicht üblich ist.

γ) **Doppelschlußmotor.** Da der Doppelschlußmotor sowohl Nebenschluß- als auch Reihenschlußerregerwicklung hat, liegen seine Eigenschaften und sein Verhalten zwischen dem Nebenschluß- und dem Reihenschlußmotor. Auf Grund der zusätzlichen Reihenschlußerregung zeigt er einen besseren Anlauf als der reine Nebenschlußmotor und ist deshalb gut für Schweranlauf geeignet. Häufig gibt man auch dem Nebenschlußmotor eine kleine „Hilfsreihenschlußwicklung", um das Anzugsmoment zu verbessern und um bei Motoren, die durch Feldschwächung geregelt werden, in den höheren Drehzahlen einen stabilen Lauf zu sichern. Umgekehrt erhalten Hauptstrommotoren neben ihrer Reihenschlußwicklung oft noch eine kleine Hilfs-Nebenschlußwicklung, ebenfalls zur Verbesserung ihrer Stabilität. Die Nebenschlußwicklung verhindert hier das Durchgehen des Motors bei Entlastung und gibt ihm eine bestimmte Leerlaufdrehzahl, die allerdings erheblich über der Betriebsdrehzahl liegt. Alle diese Maschinen zeigen dann Doppelschlußverhalten, wenn es auch keine ausgesprochenen Doppelschlußmotoren sind.

Doppelschlußmotoren werden verwendet für Antriebe, die schnell und sicher hochlaufen sollen und bei denen es nicht darauf ankommt, wenn die Drehzahl etwas nachgibt, beispielsweise als Verstellmotoren bei Werkzeugmaschinen, als Antriebsmotoren für Eimerbagger, bei Aufzügen (Nebenschluß mit Verbundwicklung) u. a. m. Ferner finden diese Motoren Verwendung bei Schweranlauf und Überlastungsbetrieben, wie Schwungradantrieben von Blechbearbeitungsmaschinen, Biegepressen, Scheren, Stanzen, Schmiedemaschinen.

3. Wechselstrommotoren.

α) Sonder-Kurzschlußläufermotoren. In der Einleitung zum Abschn. II c sind die Gründe dargelegt, weshalb sich der normale Asynchron-Kurzschlußläufermotor nicht zum Schweranlauf eignet: sein Anlaufmoment ist zu gering, sein Anlaufstrom zu hoch. Durch besondere Durchbildung des Läuferkäfigs (S. 55) können aber beide Eigenschaften, oder wenigstens eine davon, soweit verbessert werden, daß alle Anforderungen bei Vollastanlauf und mittelschwerem Anlauf erfüllt werden. Am wichtigsten ist hierbei die Verringerung des Anfahrstromes (Abb. 34). Selbst wenn das Anfahrmoment nicht größer ist als beim normalen Kurzschlußläufer, so ist dann im allgemeinen doch wenigstens Vollastanlauf möglich, beispielsweise mit der Arbeitsmaschine Ar$_1$ in Abb. 89. Der halb so hohe Anlaufstrom des Sonder-Kurzschlußläufers kann nämlich nicht nur doppelt, sondern viermal so lange aufgenommen werden wie beim Rundstabläufer, da die die Stromaufnahme begrenzende Erwärmung mit I^2R, also quadratisch mit dem Strom steigt, aber auch fällt. Während die Anfangsstromaufnahme beim Rundstabläufer das 5- bis 7fache der Nennstromstärke ist, beträgt sie beim Sonderläufer nur noch etwa das 2,5- bis 3fache. Da die Motoren keine Stromwender haben, können sie diesen Überstrom einige Zeit ohne Schaden ertragen, so daß inzwischen der Anlauf erfolgt ist und wieder normaler Strom fließt. Wenn neben geringerem Anfahrstrom noch das Anfahrdrehmoment vergrößert ist, wie es beispielsweise die Kurven für den Doppelnut-(DN) und Doppelstabläufer (DS) in Abb. 34 zeigten, so ist auch mittelschwerer Anlauf möglich. Der verminderte Anfahrstrom und damit verbunden die geringere Anfahrleistung bieten aber außerdem noch den Vorteil, daß viel größere Motoren als beim Rundstabläufer durch Grobschaltung angelassen werden können. Das ist nicht nur vorteilhaft im Hinblick auf die einfache Schaltung und Steuerung, sondern auch im Hinblick auf den Anlauf selbst. In Betrieben mit kleinerem Anschlußwert dürfen bei öffentlichen Netzen Motoren über eine bestimmte Anfahrleistung nicht grob geschalten werden, um unerwünschte Spannungsschwankungen im Netz zu vermeiden. Beim Stern-Dreieck-Anlassen wird der Anlauf aber wesentlich schlechter, wie auf den S. 54 und 111 gezeigt ist. In Netzen mit großem Anschlußwert hingegen können heute Motoren bis 50 kW und mehr direkt eingeschaltet werden.

Beim normalen Kurzschlußläufer nimmt das Drehmoment nach dem Anlauf bis etwa 80% der Nenndrehzahl zu (Kippmoment), während bei gewissen Sonderläufern das Hochlaufmoment bis 80% der Drehzahl annähernd gleich groß bleibt, wie ein Vergleich der Abb. 34 mit 26 und 32 zeigt. Ansteigende Anlaufmomente bedeuten aber zunehmende Überschußmomente für die Beschleunigung (B in Abb. 89) und damit zunehmende Beschleunigung selbst, wenn gleichbleibendes Gegenmoment der Arbeitsmaschine angenommen wird. Diese mit der Drehzahl zunehmende Beschleunigung hat besonders für Zahnradgetriebe

Nachteile, indem sie bei höheren Geschwindigkeiten Schwingungen hervorruft, die zu Ungleichmäßigkeiten in der Übertragung und u. U. sogar zu Beschädigungen am Getriebe führen können. Diese Schwingungen entstehen durch Unvollkommenheiten in den Zahnrädern und treten bei gleichförmiger Beschleunigung, wie sie die Sonderläufer zeigen, in wesentlich geringerem Maße auf.

Der durch das Getriebespiel bedingte erste Anfahrstoß hingegen ist meist nur sehr klein und ohne Bedeutung, falls nicht ein unzulässig großer toter Gang vorhanden ist.

Wie die Gleichstrom-Doppelschlußmotoren werden die Kurzschluß-Sonderläufer für Antriebe verwendet, die auch unter Last sicher durchziehen und schnell hochlaufen sollen. Abb. 90 zeigt als Beispiel die Zecheriner Klappbrücke bei Usedom, deren Pendelstützen durch einen ferngesteuerten Drehstrommotor mit Doppelnutläufer von 3,4 kW und 930 U/m angetrieben werden. Die Bremse hat einen Magnet, der hier zum Bremsen und nicht zum Bremslüften dient, da es sich nicht um einen aussetzenden Betrieb, sondern nur um einen Kurzzeitbetrieb handelt und der Antrieb im übrigen selbstsperrend ist.

Abb. 90. Zecheriner Klappbrücke be Usedom mit Antrieb der Pendelstützen durch Kurzschluß-Doppelnutläufer 3,4 kW, 930 U/m.

β) **Schleifringläufermotoren.** Der Schleifringläufermotor ist in seinem Aufbau verwickelter als der Kurzschlußläufermotor, obwohl beide grundsätzlich als Drehstrom-Asynchronmotoren gleich sind (S. 4). Neben dem Schleifringläufer verlangt der Motor noch einen Widerstandsanlasser und 3 besondere Leitungen vom Schaltort zu den Schleifringen, also insgesamt 6 Zuleitungen. Durch die weniger einfache Ausführung des Läufers ist sein Preis etwa

1,5mal so hoch wie der des Kurzschlußläufers (S. 19); sein Gewicht ist etwas größer und die heute oft geforderte selbsttätige Steuerung, vor allem die Fernsteuerung, wesentlich umständlicher. Trotzdem ist der Schleifringläufermotor für schwersten Anlauf unentbehrlich. Sein Ständerstrom ist selbst bei hohem Anlaufmoment mäßig im Gegensatz zu dem immer noch verhältnismäßig hohen Anlaufstrom der Kurzschluß-Sonderläufer nach Abb. 34. Er eignet sich deshalb besonders für den langdauernden Anlauf schwerer Schwungmassen, wo-

Abb. 91. Einzelantrieb von Nachproduktenschleudern einer Zuckerfabrik durch senkrecht stehende, tropfwassergeschützte Schleifringläufermotoren mit Sonderisolation, 22 kW, 950 U/m (BBC).

bei die im Sekundärstromkreis auftretenden großen Wärmemengen leicht und ohne Schaden in dem entsprechend großen außerhalb liegenden Anlaßwiderstand aufgenommen werden. Als Beispiel eines schweren Antriebes zeigt Abb. 91 drei einzeln angetriebene Nachproduktenschleudern einer Zuckerfabrik. Die stehenden 22 kW-Schleifringläufer-Motoren mit 950 U/m sind tropfwassergeschützt und mit Sonderisolation für die feuchten Arbeitsräume versehen. An Stelle der früher verwendeten Fliehkraft-Rutschkupplung sind die Motoren durch direkte elastische Kupplungen mit den Schleudern verbunden. Die Anlauf-Widerstandswärme wird in außenliegenden Widerständen abgegeben. Wenn eine besonders intensive Kühlung erforderlich ist, können diese Widerstände auf der umlaufenden Welle, jedoch außerhalb des Motorgehäuses angeordnet werden. Der Antrieb durchläuft fünf Betriebsperioden: 1. Anlauf bei hohem Drehmoment bis auf Fülldrehzahl, 2. Füllen bei gleichbleibender Drehzahl und kleinem Moment, 3. Hochlauf bis zur Schleuderdrehzahl bei hohem Moment, 4. Schleudern, 5. Bremsen. Die Schaltungen erfolgen durch Schützensteuerung, wobei die erste Einschaltung mit dem Drehen des Handrades zum Lösen der unter dem Motor sichtbaren Bandbremse geschieht. Beim Erreichen der Fülldrehzahl wird die Motorbeschleunigung selbsttätig unterbrochen, die erst nach vollendetem Füllen wieder einsetzt, wenn auf den rechts über dem Handrad befindlichen Knopf gedrückt wird. Um vorhandene Einrichtungen gesteigerten Betriebsanforderungen anzupassen, läßt sich eine solche Füllstufe mit der zugehörigen Druckknopfsteuerung auch noch nachträglich einbauen. Zum schnellen Stillsetzen der Schleuder und Schonen der Bandbremse kann elektrisch durch Gegenstrom gebremst werden.

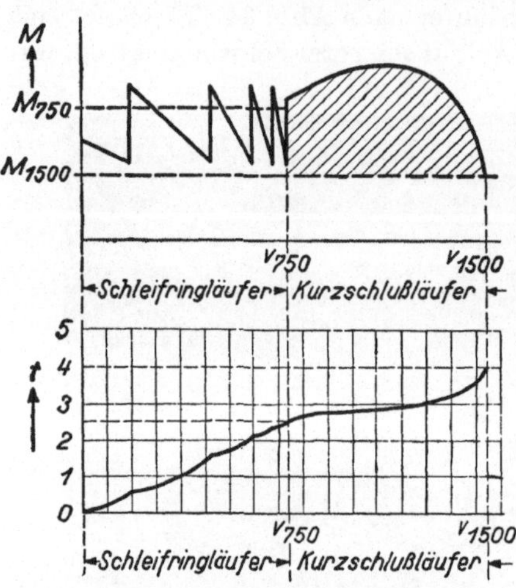

Abb. 92. Anlaufvorgang des Doppelkranmotors (AEG) bei Halblast. M_{750} = Normal-Drehmoment des Schleifringläufermotors, M_{1500} = Normal-Drehmoment des Kurzschlußläufermotors, v_{750} = Geschwindigkeit bei Nenndrehzahl 750 U/m, v_{1500} = Geschwindigkeit bei Nenndrehzahl 1500 U/m, t = Beschleunigungszeit in s, ////// Beschleunigungsmoment des Kurzschlußläufermotors.

In zunehmendem Maße werden auch Schleifringläufermotoren mit Polumschaltung (s. S. 42) verwendet. Eine Sonderausführung stellt der Doppelkranmotor der AEG dar, dessen niedere Stufe (0···750 U/m) Anlauf mit Schleifringläuferregelung vorsieht, während nach der Polumschaltung der Motor als Kurzschlußläufer mit 1500 U/m arbeitet. Abb. 92 zeigt den Anlaufvorgang für diesen Motor.

γ) Drehstrom-Kommutatormotoren. Da Drehstrom-Nebenschluß- und Drehstrom-Reihenschlußmotoren dieselben Verhalten zeigen wie die Gleichstrom-Nebenschluß- und Gleichstrom-Reihenschlußmotoren, so sind sie wie diese gut für Schweranlauf geeignet. Sie müssen auch diese Eigenschaft besitzen, denn die von ihnen angetriebenen Arbeitsmaschinen verlangen meist mindestens Vollastanlauf. Der **Drehstrom-Nebenschlußmotor** beispielsweise wird vorzugsweise verwendet zum Antrieb von Textil- und Papiermaschinen von Druckereimaschinen (vgl. Abb. 76 u. 79). Alle diese Maschinen zeichnen sich aber gerade dadurch aus, daß sie besonders viele und große umlaufende oder hin- und hergehende Massen haben, während der zur Verarbeitung kommende Werkstoff in seinem Gewicht demgegenüber so gering ist, daß er oft vernachlässigt werden kann. Das gleiche gilt für den Antrieb großer regelbarer Drehöfen, wie Abb. 93 am Beispiel einer ausgeführten Anlage mit Antrieb durch einen 36,4 kW-Drehstrom-Nebenschlußmotor zeigt. Hier ist also immer Überlastanlauf erforderlich.

Beim **Drehstrom-Reihenschlußmotor**, der für Hebezeuge mit Senkgeschwindigkeitsregelung und bei schwerem Anlauf-Regulierbetrieb, bei Kolbenpumpen und Gebläsen Verwendung findet, kommt nicht nur Vollastanlauf sondern häufig auch Schweranlauf vor. Beispielsweise kann es erforderlich sein, daß bei hydraulischen Akkumulierungsanlagen die Pumpe gegen den

Abb. 93. Regelbarer Antrieb eines Drehofens durch einen 36,4 kW-Drehstrom-Nebenschlußmotor (SSW).

vollen Pumpendruck angelassen werden muß. Hierzu und auch zur Aufnahme der bei rauhem Pumpenbetrieb auftretenden Stöße eignet sich dieser Motor wegen seines hohen Drehmomentes bei niedrigeren Drehzahlen und wegen seines nachgiebigen Verhaltens ebensogut wie der Gleichstrom-Reihenschlußmotor.

δ) **Einphasenmotoren.** Von den Einphasenmotoren sind der Einphasen-Reihenschluß- und der Repulsionsmotor für Vollast- und Schweranlauf geeignet. Sie gleichen in ihrem Anlauf und in ihrem Verhalten dem Drehstrom-Reihenschlußmotor. Wegen ihrer geringen praktischen Bedeutung, außer der des Einphasen-Reihenschlußmotors als Bahnmotor, soll hier nicht näher auf sie eingegangen werden; es sei lediglich nochmals auf S. 127 ff. verwiesen, wo sie schon kurz besprochen wurden.

e) Elektromotoren für große Regelbereiche.
1. Forderungen bei großen Regelbereichen.
Wie wir schon auf S. 101 festgestellt haben, besitzt jeder technologische Vorgang eine zweckmäßigste, ihm eigene Arbeitsgeschwindigkeit.

Beispielsweise ist für die spanabhebende Bearbeitung eines Werkstoffes mit einem Schnellstahl bei bestimmtem Spanquerschnitt eine ganz bestimmte Schnittgeschwindigkeit am günstigsten. Um diese zu erhalten, muß bei gegebenem Drehdurchmesser der Maschinenantrieb eine bestimmte minutliche Drehzahl haben. Bei doppeltem Drehdurchmesser hingegen ist die halbe Drehzahl, bei halbem Drehdurchmesser die doppelte Drehzahl zur Herstellung der gleichen Schnittgeschwindigkeit erforderlich. Es verlangt also jedes Arbeitsstück — beispielsweise jedes Drehteil, jedes Walzprofil, jede Garnnummer, jede Papiersorte — seiner Größe entsprechend eine günstigste, ihm eigene Antriebsdrehzahl, um mit der für den gegebenen technologischen Vorgang am besten geeigneten Geschwindigkeit verarbeitet zu werden.

Um beim Drehvorgang zu bleiben, der am geläufigsten ist, brauchen wir demnach eine ganze Reihe verschiedener Antriebsdrehzahlen, um einmal die technologisch günstigste Arbeitsgeschwindigkeit für die verschiedenen metallischen Werkstoffe und zum anderen die richtige Drehzahl für die verschiedenen Drehdurchmesser zu erhalten. Deshalb verlangt die Drehbank nicht nur eine, sondern viele Drehzahlen, die je nach dem Verwendungszweck der Bank in einem Bereich von etwa 1 : 10 bis 1 : 50 beliebig einstellbar sind. Ähnliches gilt für die oben schon genannte Herstellung verschiedener Walzprofile, verschiedener Papiersorten usw. Hier sind also oft sehr große Regelbereiche erforderlich, um die Arbeitsdrehzahlen der Maschinen den verschieden großen Arbeitstücken anzupassen.

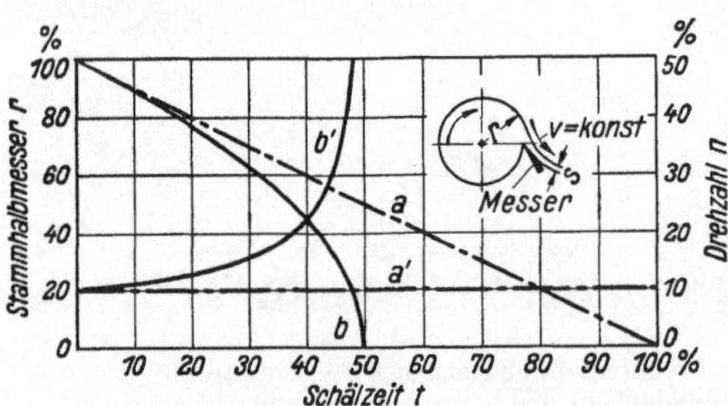

Abb. 94. Drehzahlverlauf (a', b') und Abnahme des Holzstammhalbmessers (a, b) beim Schälen von Sperrholzfurnieren (SSW).
a, a' = gleichbleibende Drehzahl, abnehmende Schnittgeschwindigkeit;
b, b' = geregelte Drehzahl, gleichbleibende Schnittgeschwindigkeit.

und den verschiedenen technologischen Bedingungen anzupassen. Am vorteilhaftesten wird dabei immer stufenlose Regelung sein, obgleich in vielen Fällen auch eine sinngemäße Drehzahlstufung durchaus genügen kann.

Bei einigen Antrieben kann aber auch innerhalb eines bestimmten Arbeitsvorganges eine Drehzahlregelung notwendig werden. So soll z. B. nach Abb. 94 das Schälen eines Rundholzstammes zur Herstellung der Furniere für Sperrholzplatten mit einer bestimmten technologisch günstigen, konstanten Schnittgeschwindigkeit v erfolgen. Da aber beim Schälen der Stammdurchmesser immer kleiner wird, ist zur Konstanthaltung der Schnittgeschwindigkeit eine entsprechende stetige Drehzahlerhöhung, also auch eine Drehzahlregelung notwendig. Ähnlich liegen die Verhältnisse beim Plandrehen. Beim Aufrollantrieb der Papiermaschinen muß umgekehrt die Drehzahl stetig abnehmen, da hier der Wickeldurchmesser im Verlauf zunimmt.

Endlich sei noch auf den Spinnvorgang bei der Ringspinnmaschine hingewiesen, wo zur Erzeugung eines gleichmäßigen Fadens die Fadenspannung während des Arbeitsganges konstant gehalten, also die Drehzahl ständig geregelt werden muß. Wir erkennen daraus, daß die Drehzahlregelung innerhalb eines technologischen Prozesses stetig zu erfolgen hat, während Drehzahlstufung nur in wenigen Ausnahmefällen zulässig ist.

Neben den Maschinen der Stoffverarbeitung verlangen auch einige Maschinen der Stoffbewegung eine gewisse Drehzahlregelbarkeit. Beispielsweise müssen die Kranmotoren des Anlauf-Regulierbetriebes einen größeren Regelbereich besitzen, da für ihre Arbeiten die verschiedensten Geschwindigkeiten nötig sind. Neben den hohen Hub- und Förder-Geschwindigkeiten werden noch verschieden niedrige Absetz-Geschwindigkeiten gefordert, so bei Montagearbei-

Abb. 95. Elektro-Rundschälmaschine, angetrieben durch Gleichstrom-Nebenschlußmotor 64 kW, 440 V, feldregelbar von 500 bis 1500 U/m (SSW).

ten, beim Abheben und Zusammensetzen der Formkästen, beim Gießen aus der Pfanne u. a. m. Oder es soll bei den Kolbenpumpen eines Wasserwerkes, einer Druckluftanlage usw. eine von geringen Druckabweichungen beeinflußte Drehzahlregelung erfolgen, um die Fördermengen der Entnahme bzw. dem jeweiligen Bedarf genau anzupassen. Auch in diesen Fällen ist stufenlose Drehzahlregelung erwünscht.

Alle technologischen Prozesse der Stoffverarbeitung verlangen hierbei, daß trotz der großen Regelbereiche die einzelne Drehzahl auch bei Belastungsschwankungen gleichbleibt. Von den Antriebsmotoren wird also Regelbarkeit und Nebenschlußverhalten gefordert. Die Antriebe der Stoffbewegung bevorzugen, wie wir wissen, nachgiebige Drehzahlen, da diese im Sinne der Drehzahlregelung wirken. Von den Motoren wird hier also Regelbarkeit und Reihenschlußverhalten gefordert.

Die Anforderungen an Regelbarkeit bei den Maschinen der Stoffbewegung sind im allgemeinen so gering und in den entsprechenden früheren Abschnitten (S. 33 ff. und 122 ff.) schon so weit behandelt, daß hier nicht näher darauf eingegangen zu werden braucht. Im folgenden sollen nur die wichtigsten für große Regelbereiche geeigneten Antriebe der Stoffverarbeitung besprochen werden.

Abb. 96. Vertikal-Fräsmaschine mit eingebautem Leonard-Umformer 3,5...7,5 kW bei 350...3000 U/m für die Frässpindel. Vorschubmotor 2,2 kW. Mit Druckknopfsteuerung (SSW).

2. Gleichstrom-Nebenschlußmotor.

Die beste und einfachste, noch von keinem anderen Elektromotor übertroffene Regelfähigkeit besitzt der Gleichstrom-Nebenschlußmotor. Ist der verlangte Regelbereich nicht größer als 1 : 3 bis 1 : 4, so kann die Regelung bequemer Weise durch Feldschwächung geschehen. Abb. 95 zeigt eine Elektro-Rundschälmaschine mit feldregelbarem Gleichstrom-Nebenschlußmotor von 64 kW und einer Grunddrehzahl von 500 U/m (S. 34), Drehzahlregelung 1 : 3 von 500...1500 U/m. Gleiche Regelfähigkeit verlangen beispielsweise Röhren-Schleudergießmaschinen, die je nach dem Gußwerkstoff, dem Rohrdurchmesser und der Wandstärke verschiedene Schleuderdrehzahlen benötigen. Die Motorleistungen für solche Anlagen sind etwa 10 ... 30 kW bei 1 : 3 Drehzahlregelung.

Ist der verlangte Regelbereich größer als 1 : 4, so genügt die reine Nebenschlußregelung im allgemeinen nicht mehr. Das auch heute noch vollkommenste Regelverfahren ist das Leonard-Verfahren. Während es bisher nur für große Einheiten angewandt wurde, beispielsweise zum Antrieb von Papiermaschinen, Schachtfördermaschinen und schweren Walzenstraßen, werden Leonard-Antriebe neuerdings auch für kleine Leistungen von 1 kW und weniger

Abb. 97. Tischhobelmaschine mit Leonard-Antrieb 39 kW. Tischgeschwindigkeit stufenlos regelbar 1 : 10 von 7,5 bis 75 m/min mit oben aufgebautem Motor für Support-Schnellverstellung. a = Leonardsatz. b = Steuergerät. c = Hauptschalter mit E (Ein) und A (Aus). d_1, d_2 Geschwindigkeitseinstellung für Vor- und Rücklauf. e = Hängedruckknopf (Gebr. Böhringer — SSW).

gebaut. Abb. 96 zeigt eine Vertikalfräsmaschine mit eingebautem Leonard-Umformer von 3,5 ... 7,5 kW bei 350 ... 3000 U/m für die Frässpindel, also Regelbereich 1 : 8,6. Der Frästisch hat einen eigenen Vorschubmotor von 2,2 kW.

Ein weiteres Beispiel aus dem Werkzeugmaschinenbau ist Abb. 97. Diese Hobelmaschine wird durch einen Leonardumformer von 39 kW Leistung angetrieben. Vorlauf und Rücklauf können unabhängig voneinander von 7,5 ... 75 U/m Tischgeschwindigkeit geregelt werden. Neben dem großen Regelbereich von 1 : 10 ist besonders noch die schnelle und stoßfreie Umsteuerbarkeit der

Maschine in 1,25 s bemerkenswert. Das Bild zeigt nur den Antriebmotor mit
dem Steuergenerator, der eigentliche, mit der Hobelmaschine direkt gekuppelte
Regelmotor sitzt auf der anderen Maschinenseite. Abb. 98 zeigt noch eine
Rund- und Innenschleifmaschine mit Doppel-Leonard-Antrieb. Der Werk-
stückmotor kann im Verhältnis 1 : 12, der Tischantrieb im Verhältnis 1 : 6 geregelt werden. Abb. 99 endlich zeigt den Elektrowickler einer Papiermaschine
mit dem sehr hohen Regelbereich von 1 : 73, der allein durch die Leonard-
Steuerung ohne mechanisches Umschaltgetriebe erzielt wird.

Abb. 98. Rund- und Innenschleifmaschine mit Doppel-Leonard-Stromerzeuger.
Werkstückmotorregelung 1 : 12, Tischantriebregelung 1 : 6.

Außer bei Werkzeugmaschinen und den oben genannten Antrieben wird der
Leonard-Antrieb vielfach bei Warenhausaufzügen verwendet, wo seine gute
Regelbarkeit neben der Fahrgeschwindigkeit ($v > 1{,}5$ m/s) eine auf 3 mm genaue
Feineinstellung in den Stockwerkshaltestellen bei niedriger Geschwindigkeit
($v = 0{,}05$ m/s) erlaubt. Dem Leonard-Antrieb ähnlich und in der Regelbarkeit
gleichwertig ist die Zu- und Gegenschaltung. Leider sind beide Verfahren
ziemlich teuer, da sie für jeden Antrieb 3 Maschinen benötigen.

Neben diesen Verfahren wird neuerdings in steigendem Maße auch die Regelung des Gleichstrommotors durch gittergesteuerte Stromrichter angewandt. Die ruhende Einrichtung des Stromrichters hat den Vorzug, nur
wenige dem Verschleiß unterworfene Teile zu besitzen. Außerdem kann der
Stromrichter auch bei hohen Spannungen unmittelbar ans Netz gelegt werden

und hat dann, insbesondere bei Teillast, einen günstigeren Wirkungsgrad. Außer bei Schachtfördermaschinen, Walzwerken und Papiermaschinen wird das Verfahren auch für allgemeine industrielle Antriebe benutzt. Beispielsweise werden die Gleichstrom-Nebenschlußmotoren für den Durchgangsbackofen einer Großbäckerei von gittergesteuerten Glasgleichrichtern gespeist. Hierbei ist für alle

Abb. 99. Leonard-Antrieb der Wickelwalze einer Papiermaschine für 15... 150 m/min Papiergeschwindigkeit, Aufwickelverhältnis 1 : 3,9 bei Rollstangen und 1 : 4,3 bei Tambouren. Gesamtregelbereich 1 : 73 rein elektrisch ohne Getriebe (SSW).

Motoren gemeinsam eine Drehzahlregelung 1 : 6 durch Änderung der Ankerspannung möglich, außerdem kann jeder Motor für sich noch in geringen Grenzen durch Feldschwächung geregelt werden.

3. Drehstrom-Nebenschlußmotor.

Wie schon auf S. 117 gesagt wurde, ist aus dem Verlangen heraus, auch bei Drehstrom ohne umständliche Umformung einen gut regelbaren Motor verwenden zu können, der Drehstrom-Kommutator-Nebenschlußmotor entwickelt worden. Er wird heute für den schon erheblichen Regelbereich bis 1 : 15 gebaut, Sonderausführungen lassen sogar eine Drehzahlregelung von 1 : 50 zu. Der Motor ist zwar schwerer und wesentlich teurer als der Gleichstrom-Nebenschlußmotor, dieser kann aber nur bis etwa 1 : 4 einfach geregelt werden. Mit den anderen beschriebenen Verfahren für große Regelbereiche hingegen ist er durchaus wettbewerbsfähig.

Seine Hauptanwendungsgebiete sind immer noch die Maschinen der Papier- und Textilindustrie (Abb. 58, S. 97, Abb. 76, S. 117, Abb. 79, S. 119), neuerdings aber auch vielfach der Werkzeugmaschinenbau, Industrieöfenantriebe (Abb. 93, S. 137) und der Antrieb von Hilfsmaschinen für Kesselfeuerungen (Abb. 77, S. 118).

Zusammenfassend kann über die Antriebe für große Regelbereiche gesagt werden: bei Regelbereichen bis 1 : 4 und bei Gleichstromnetzen genügt der Gleichstrom-Nebenschlußmotor. Bei größeren Regelbereichen und bei Drehstromnetzen sind die vier Verfahren: Leonard, Zu- und Gegenschaltung, gittergesteuerte Gleichrichter, Drehstrom-Nebenschlußmotor, heute etwa gleichwertig. Alle vier werden auch für kleine Leistungen gebaut und sind als Antriebe in fast allen Industriezweigen zu finden. Sie stehen miteinander im Wettbewerb und es ist noch nicht abzusehen, welches von ihnen einmal bevorzugt Verwendung finden wird. Bei einer Wahl kann heute immer nur für den Einzelfall entschieden werden.

f) Gleichlaufantriebe.
1. Forderungen des Gleichlaufs.

Wenn bei einer großen Förderanlage mehrere Förderbänder hintereinanderliegen, so ist gleich schnelles Laufen der Bänder anzustreben, weil sonst auf einem langsamer laufenden Band eine Stauung des Fördergutes eintreten kann. Da solche Förderbänder aber selten überladen werden, spielen geringere Unterschiede in der Laufgeschwindigkeit keine Rolle, es genügt hier annähernder Gleichlauf.

Größere Anforderungen hingegen werden beispielsweise an die Fahrwerke großer Verladebrücken gestellt. Wenn die Einzelantriebe der beiden meist weit auseinanderliegenden Stützen nicht sehr gut gleichlaufen oder ständig ausgeglichen werden, wird sehr bald die Brücke schräg stehen und entgleisen, denn wegen des unverhältnismäßig großen Radstandes im Vergleich zum Achsstand ist keine wirksame Spurkranzführung wie bei Eisenbahnen möglich. Die Fahrwerke der Stützen müssen deshalb mit gleichen Geschwindigkeiten fahren, d. h. die Antriebsmotoren mit gleichen Drehzahlen. Ist die Stützweite nicht zu groß, so kann durch eine mechanische Kupplung, beispielsweise eine beide Motoren verbindende lange Welle, der Gleichlauf gesichert werden. Bei großen Entfernungen ist ein mechanischer Ausgleich praktisch aber nicht mehr möglich, und die Motoren müssen durch elektrische Kupplung zum Gleichlauf gebacht werden.

Doch auch dann, wenn die Antriebe ganz gleich laufen, wird nach einiger Betriebszeit die Brücke schräg stehen, weil geringe Durchmesserunterschiede der Laufräder Wegfehler zur Folge haben. Daher muß die Möglichkeit gegeben sein, diese Fehler durch Nachregeln eines Fahrwerkes auszugleichen. Auch die Antriebe zum Heben und Senken der Walzen eines Flußstauwehres müssen in ihrem Gleichlauf gesichert sein, um Klemmungen und Vorspannungen zu vermeiden.

Ganz besondere Anforderungen an Gleichlauf stellen Rotationsdruckmaschinen, Papiermaschinen und kontinuierliche Walzwerke, insbesondere Drahtwalzwerke. Bei den mit Papierlaufgeschwindigkeiten bis 6 m/s arbeitenden Papier- und Druckmaschinen muß durch Gleichlauf aller Antriebe ein gleichbleibender Materialzug gewährleistet sein, um einerseits eine Stauung, zum andern ein Reißen des Bogens zu verhindern. Ferner muß auch hier die Möglichkeit bestehen, bei Abweichungen jedes der vielen hintereinanderliegenden Triebwerke einzeln nachregeln zu können. Denn Abweichungen vom Sollwert können natürlich bei dem oft stundenlangen Dauerlauf solcher Maschinen immer wieder auftreten. Endlich ist bei kontinuierlichen Drahtwalzwerken wegen der hohen Walzgeschwindigkeiten bis 20 m/s größte Genauigkeit des Gleichlaufs erforderlich.

Außer den genannten Antrieben verlangen noch einige Arbeitsmaschinen der Textilindustrie Gleichlaufantrieb. In den anderen Industrien besteht jedoch kaum die Notwendigkeit, den Gleichlauf der Arbeitswellen von Maschinen mit Mehrmotorenantrieb besonders zu sichern. Im folgenden sollen deshalb nur die grundsätzlichsten Verfahren der Gleichlaufregelungen und die wichtigsten Anwendungen besprochen werden.

Alle Gleichlaufsicherungen beruhen entweder auf Ausgleich oder auf Synchronisierung der Drehzahlen. Bei der schon oben erwähnten mechanischen Kupplung über eine Ausgleichwelle erfolgt die Gleichlaufregelung auf rein mechanischem Wege durch Kraftausgleich. Die Motoren können aber auch über Differentiale mit einer verhältnismäßig schwachen Leitwelle verbunden sein. Bleibt ein Antrieb dann gegen die Leitwelle zurück oder eilt er vor, so werden die dadurch hervorgerufenen Ausgleichbewegungen im Differential zur entsprechenden Einwirkung auf den Drehzahlregler dieses Motors benutzt. Die Leitwelle oder Synchronisierwelle kann auch gegebenenfalls von einem kleinen mit genauer Drehzahl laufenden Leitmotor angetrieben werden. Neben diesen elektrisch-mechanischen Regelungen sind schließlich noch rein elektrische Gleichlaufregelungen möglich, die man vielfach auch „elektrische Welle" nennt.

2. Gleichstrom-Nebenschlußmotor.

Der Gleichstrom-Nebenschlußmotor eignet sich wegen seiner leichten Regelbarkeit sehr gut für Gleichlaufgetriebe, bei denen die Einzelmotoren von einer Leitwelle aus über mechanische oder elektrische Differentiale gesteuert werden. Arbeitsmaschinen mit größeren Regelbereichen werden durch Leonard-Umformer angetrieben. Abb. 100 zeigt als Beispiel den Mehrmotorenantrieb einer Zeitungsdruck-Papiermaschine in Leonard-Schaltung. Die 12 Teilmotoren sind in ihrem Gleichlauf durch mechanische Differentialgetriebe und die auch im Bilde sichtbare Leitwelle gesichert. Die Papiergeschwindigkeit kann von $100 \cdots 300$ m/m geregelt werden, die Gesamtleistung der Anlage beträgt 250 kW.

Abb. 100. Mehrmotorenantrieb einer Zeitungsdruck-Papiermaschine für 4250 mm Papierbreite und 100 bis 300 m/min Papiergeschwindigkeit (Regelbereich 1 : 3). Die 12 in Leonardschaltung arbeitenden Teilmotoren sind durch Leitwelle und Differentialgetriebe im Gleichlauf gesichert (SSW).

Die Papiermaschine selbst ist auf dem Bilde nicht sichtbar, sie steht in dem rechts anschließenden zweiten Maschinenraum. Im Gegensatz zu Abb. 100 zeigt Abb. 101 eine Papiermaschine mit elektrischer Gleichlaufsicherung. In Abb. 102 wird der Gleichlauf der 8 Teilmotoren einer Breitwaschmaschine durch sog. Tänzerwalzen gesichert. Durch den Zug in der Stoffbahn werden diese Walzen in ihrer Höhenlage beeinflußt und wirken dabei auf den Feldregler des Motors.

3. Drehstrommotoren.

Den theoretisch besten Gleichlauf bietet der Synchronmotor. Da er aber schlecht regelbar ist, findet er keine Anwendung außer neuerdings bei einigen Schiffsschraubenantrieben, wo die Drehzahlregelung durch Frequenzänderung erfolgt.

Für angenäherten Gleichlauf können Asynchron-Schleifringläufer verwendet werden, bei denen die Läufer elektrisch miteinander gekuppelt sind. Der Drehzahlausgleich ist ziemlich gut, wenn diese Motoren bei gegenläufiger

Abb. 101. Antrieb der Pressen und des Trockenteils einer Kabel-Papiermaschine für 2800 mm beschnittene Papierbreite (Voith-BBC).

Felderregung nicht antreiben, sondern nur als Ausgleichmaschinen jeweils mit einem Antriebsmotor mechanisch gekuppelt sind. Die Verfahren mit der „elektrischen Welle" werden besonders dann vorgezogen, wenn die im Gleichlauf zu betreibenden Motoren räumlich weit auseinanderliegen, beispielsweise für Schleusenantriebe, Wehre, Verladebrücken, Hubbrücken usw.

10*

In den wichtigsten Gleichlaufbetrieben, insbesondere in der Faserstoffindustrie wird heute neben dem Leonard-Antrieb am meisten der **Drehstrom-Kommutator-Nebenschlußmotor** angewandt. Er eignet sich dazu in-

Abb. 102. Elektrischer Mehrmotorenantrieb einer Breitwaschmaschine mit 8 in Leonardschaltung arbeitenden geschlossenen Gleichstrom-Nebenschlußmotoren (SSW).

folge seiner Eigenschaften vorzüglich und kann bei der jetzt genügend entwickelten Regelfähigkeit (S. 143) auch für Antriebe Verwendung finden, die bisher wegen des notwendigen großen Regelbereiches vom Leonard-Antrieb allein beherrscht wurden.

Sachverzeichnis.

Verzeichnis der Abbildungen

nach Motorarten geordnet[1].

---

[1] Vgl. auch Zahlentafel 4, S. 102, 103.

Elektrische Energiewirtschaft. Die Betriebswirtschaft der Elektrizitäts-Versorgungsunternehmungen. Von Prof. Dipl.-Ing. **R. Schneider,** Darmstadt. Unter Mitarbeit von Dr.-Ing. G. Schnaus. Mit 175 Abbildungen und 75 Zahlentafeln. XIII, 449 Seiten. 1936.

RM 34.—; gebunden RM 36.60

Wicklungen elektrischer Maschinen und ihre Herstellung. Von Dr.-Ing. **F. Heiles.** Mit 221 Textabbildungen. VIII, 186 Seiten. 1936.

RM 13.80; gebunden RM 15.60

Elektro-Werkzeuge, Kleinwerkzeugmaschinen mit Einbaumotor und biegsame Wellen. Von Dr.-Ing. **Hans Fein,** Stuttgart. Mit 164 Textabbildungen. V, 112 Seiten. 1929.   RM 6.21

Die Elektrotechnik und die elektromotorischen Antriebe. Ein elementares Lehrbuch für technische Lehranstalten und zum Selbstunterricht. Von Prof. Dipl.-Ing. **W. Lehmann,** Berlin. Zweite, stark umgearbeitete Auflage. Mit 701 Textabbildungen und 112 Beispielen. VII, 302 Seiten. 1933.   RM 12.60; gebunden RM 13.80

Kurzes Lehrbuch der Elektrotechnik. Von Prof. Dr. A. Thomälen. Zehnte, stark umgearbeitete Auflage. Mit 581 Textbildern. VIII, 359 Seiten. 1929.   Gebunden RM 13.05

Einführung in die theoretische Elektrotechnik. Von Prof. K. Küpfmüller, Danzig. Mit 320 Textabbildungen. VI, 285 Seiten. 1932.

RM 18.—; gebunden RM 19.50

Einführung in die Elektrizitätslehre. Von Prof. Dr.-Ing. e. h. **R. W. Pohl,** Göttingen. Vierte, großenteils neu verfaßte Auflage. (Einführung in die Physik, Bd. 2.) Mit 497 Abbildungen, darunter 20 entlehnte. VIII, 268 Seiten. 1935.   Gebunden RM 13.80

Technisches Denken und Schaffen. Eine leichtverständliche Einführung in die Technik. Von Dipl.-Ing. Prof. **Georg v. Hanffstengel,** Berlin. Fünfte, neubearbeitete Auflage. Mit 172 Textabbildungen. XII, 220 Seiten. 1935.   Gebunden RM 6.60